李英嘉 著

木藝安全輔具
設計與應用
之
創新・復刻・再生

國立臺灣藝術大學 出版

五南圖書出版公司 印行

推薦序
「一器在手，善利其事」的工具寶典

「工欲善其事，必先利其器」，而木藝工具即器也。木藝工具的種類繁多，隨著科技進步，在傳統的手工具之外，電動工具、數位加工機具的發明，為木工製作帶來更高的方便性和效率性，同時也潛藏較高的危險性。木工意外傷害發生率不小，甚而嚴重者可能導致失能。因此，無論職業或業餘愛好者，木藝安全認知與安全防護工具使用皆極為重要。

臺灣木藝傳承自手工技藝、扎根於工業技術、展望向創新價值，逐漸走出新徑，更於當代社會廣受大眾喜愛。近年來，創客 (Maker) 風潮盛行，許多人紛紛投入療癒人心的休閒木工，這股風潮也在我國基本教育體系發酵，由教育界、木藝界合作推展「木育」，在一些國小、國中、高中校園裡，打造木作教室及開設木藝課程，蔚為風行。

工具與工料、工序、工法等，同為臺灣工藝技術知識的重要基因，國立臺灣工藝研究發展中心以工藝文化推廣與工藝產業扶植為使命任務，近年來積極推動建立臺灣工藝知識體系，期盼藉由公部門的力量帶動產學與民間協力，以知識的連結與共享來強化臺灣工藝發展的基礎。

欣聞李英嘉老師將多年研究、實務經驗以及創新研發所得轉化為《木藝安全輔具設計與應用之創新・復刻・再生》心血大作，本書之付梓將助力於臺灣工藝知識體系之建立，促進工藝人才培育與技藝傳承推

廣，而在實用上又為木藝學習之安全指南，值得成為木藝人「一器在手，善利其事」的工具寶典。

國立臺灣工藝研究發展中心

陳殿禮 主任

推薦序
木藝安全的知識傳承

　　對於英嘉在木藝的耕耘素有所聞，而真正結緣源自於 2017 年，彼時英嘉正式加入臺灣藝術大學師資團隊，透過各式會議與活動參與的場合，方才有了更多的機會認識與接觸，並分享藝術教育的經驗與所得。

　　英嘉投身木藝教育已逾 30 載，不僅開設從基礎結構到專業技藝的木材工藝課程，亦透過工作坊、工作室的模式，進一步提供學生提升專業技能的需求。除了技藝的教授，英嘉特別注重木藝工場的安全與管理，透過教學相長的過程，不斷研發適合教學使用的輔具，在傳授專業技能的同時，亦不忘時刻提醒學生注重安全操作的知識。2020 年以其多年教學之心得，以教學輔具為題，於剝皮寮歷史街區展出「木藝之旅──李英嘉安全輔具設計展」，足見英嘉對於木藝教學的用心。

　　在投入木藝教育前，英嘉已於木藝產業累積多年，透過在產業中的豐富經驗，將系統化、管理化的操作帶入校園，讓學生們在發揮跳躍、繽紛的創作能量同時，也能確保安全無虞，讓藝術創作更加安心、歡欣。

　　本書是英嘉對於教學、職涯及個人創作的盤整，透過圖片與詳細解說的呈現，讓木藝安全的知識傳遞更加生動、實用。為所有在教學領域不遺餘力、無私奉獻的教師們致上最深的敬意。

國立臺灣藝術大學 校長

多媒體動畫藝術學系 教授

推薦序
悠遊於木藝創作的平仄之間

　　民國 75 年和英嘉一起進到國立藝專美工科，也就是現在的臺藝大工藝設計系。從一年級開始，英嘉就已經展現他對於設計專業的專注與執著。三年級的畢業製作，他以休閒椅為主題，運用當時學校木工教室有限的設備器材，完成了曲木家具的設計與製作。完全展現他用心思考、細心設計、專精技術的特質。最難能可貴的是，當時我擔任他們班的木工課程，他已經實質擔負起「場長」的職責，協助實習工場的管理，指導同學正確安全操作各種木工機器與手工具。

　　從臺藝與木工結緣，英嘉走上了一輩子的木工路。除了從事室內設計、開設系統家具公司，也繼續以在職進修的方式取得大學文憑，並應聘回到母校兼任木工課程。此期間他不忘繼續深造，赴清大完成藝術設計碩士學位，更積極創作，獲得 2014 年臺灣工藝競賽創新組一等獎的殊榮。在母校兼課期間，英嘉雖然是兼任教職，卻是以全部的時間投入對學生的教學與創作指導上，把長久以來最難管理的木工教室，經營得井然有序。英嘉的努力獲得了工藝系師生的高度肯定，於 106 學年受聘為專任教師。

　　專任後的英嘉老師一本長久以來的認真執著，臺藝大工藝系的木工教學卓然有成，好幾屆臺灣工藝競賽，臺藝大學生屢屢以木工作品獲獎的事實，說明了具體的成果。然而藝術大學的學生在創作的過程中不喜歡拘泥於垂直水平的線條，喜歡以不同樹種的木材拼接，製作帶有斜面、複斜面、弧面、不規則曲線的造形，不僅增加了製作上的困難度，也提高加工時機器操作的危險性。為此，英嘉以他多年的實務經驗，設計製作了一系列的輔具，提供學生們在操作各種鋸、鉋、鑿、車、銑、

鑽、磨等木工機具加工時，可以更安全、更精細、更穩定地完成工作。英嘉不藏私，特別將這幾年所設計並實際使用的輔具整理分類付梓，與木工同好分享。書中每一件成品都有清楚的實物照片以及完整的製圖與尺寸標註，有助於木工安全輔具的運用與推廣。

　　希臘哲學家柏拉圖說：「任何從無到有的創作都是詩」，從事工藝創作者都是詩人。對於木藝創作者而言，安全輔具就如同古代律詩的平仄定式，它並不是用來束縛詩人天馬行空的創意，而是提供一個穩定、精準的創作格律，讓詩人悠遊於知性和想像力的遊戲之中，並能從心所欲，不踰矩！

國立臺灣藝術大學創意產業設計研究所

林伯賢、教授

推薦序
木工安全輔具的設計與研發

　　木材工藝加工借助於電動機具，有效地提升了工作效率。但相應地，高速轉動的銳利刀具，也給操作上的安全帶來嚴重的危機。由於具有刀軸轉速高、手工進料等特點，木工的機械傷害可說是事故頻傳。根據調查，在木工機具上發生的工傷事故遠遠高於金屬切削工具機，其中平鉋床、圓鋸機尤其是事故發生率最高的木工機具。

　　也因此，在學校的教學上，木工教室的開放及木工機具的使用，往往也是教學單位時時刻刻要面對的難題。臺灣藝術大學工藝設計學系的木材工藝教育，近十年來屢屢在臺灣工藝競賽獲得首獎，其原因除了老師教學、同學學習的努力外，木工場相較開放的使用時間，絕對是成就此一功績的基礎關鍵。作為系上唯一的專任木工教師，英嘉花費了極多的時間與心力在工場的管理上。可能也由於對操作安全的顧慮，以及教學的責任感，英嘉除了在創作上有傑出的成就外，更將心血投注於木工機具安全輔具的設計與研發，希望能有效降低操作意外的發生。

　　本書是英嘉集其多年的木藝安全輔具開發成果，除了沿襲已有的成果，還有更多的改良與創新。將成果集結成書，讓更多的木工工作者或教育者能參考使用或更近一步發展新的輔具，提升木工機具的操作安全，降低工傷危害，可以說是功莫大焉！在專書出版前夕，僅以此短文推介，並對英嘉的努力致上最深敬意。

國立臺灣藝術大學工藝設計學系

呂琪昌 教授

自序

　　多年來筆者一直有個夢想，就是能爲喜歡木材、喜歡木製品、喜歡木藝創作的大家，貢獻一分力，現在成眞了，一本有關追求木藝操作安全的書即將出版。

　　一件好器物的完成取決於「工欲善其事，必先利其器」，但是除人爲須注意的安全操作外，安全輔具設計更是重要，**木創育安全・輔具不可棄**，本書依**創新・復刻・再生**三個面向發想，共有六十二件。

　　在此感謝出版前由多位木藝相關教授的寶貴意見指正，國立臺灣藝術大學出版中心及本系教師們的鼓勵及鼎力協助，倉禾工具股份有限公司提供官網的文字、照片、影片於本書所使用之授權，還有本系木藝相關課程學生使用輔具後的分享，讓筆者適時修正。

　　出版前的一校、二校、三校讓用字精準，引用圖片出處的核對與授權、封面設計的討論，希望達到盡善盡美。今願本書出版能爲木藝界盡最大貢獻，期望作爲初學者的參考書、教學者的教科書、業界的工具書，更願木藝同好者能共同爲本書不吝提供卓見，讓內容更加充實。

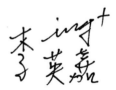

目　錄

表目錄

圖目錄

附錄

專利證書

第一章

緒論

《論語・衛靈公》：「工欲善其事，必先利其器。」本意是要把事做好，工具很重要，須先把工具備好、備齊、備利，方能事半功倍。

早期木藝技術發展所用工具多為手工使用，較無量產規模；經濟提升之後，加上量化的設計思維，改變了加工模式，機器生產技術則增加了產量，而工作安全的問題也陸續浮現。數位時代來臨讓木工業生產再升級，數位加工設備改善了部分操作的意外發生，但有些手工技能就慢慢不被學習，如何降低受傷事件發生，而讓傳統木藝技能得以延續，是目前一大課題。

第一節
動機與目的
—

筆者的木藝學習從需要、想要、自我摸索、求學階段、於廚具櫥櫃家具工廠任職，到自行開業、擔任室內裝修公司負責人、教職專任，一路走來至今約莫五十年頭，這些年之中的初期小傷不斷，有榔頭槌到、鋸子鋸到、刀子劃到、釘子釘到、虎鉗夾到……到中期的職場上員工操作機器時及後期的學生在學習過程受傷，不管是自己、員工或師傅、學生的學習……總認為有些傷害是可以避免的。從自身體認到觀察操作機具的員工、職場木工師傅及學習中的學生們的受傷情形，大概可歸納的因素如下：

一、因興趣而自我學習與摸索，但不懂工具使用或機器操作方式。

二、因生活或工作需求進入木工藝相關職場，但雇主沒有安排職前機器操作或人身的工安訓練。

三、因學校的科系或課程安排，學生需上相關木工藝課程，有些沒上過基礎課程而直接選修進階者，迫於學分數所需或屬必修科目，但興趣不高而選木工藝課程。

四、木工藝相關的職業匠師因太熟悉工具或機器操作，有時候不小心疏
　　忽而受傷。

　　基於以上的歸納所列受傷因素屬生理性的有：對工具的使用不熟
悉、生活所需的職場、求學實習課程、自認的技能熟練度……另外心理
性因素包括：時間壓力、罹病中、精神不濟、心情不佳……也須列入。

　　因木材質具有容易加工、耐久耐用、耐化學性、導電性不佳、絕緣
性好、抗彎抗剪性強、溼度變化時容易具溼漲乾縮而變形等特性，是展
現創意創作的好材料。另因取得容易，所以讓人愛不釋手而學習製作。
富蘭克林 (B.Flan klin) 說：「人類是製造器物的動物。」[1]舉如：生活器
品、家具生產、室內裝修、大木造屋……皆由雙手技術或機器輔助製
造，加工過程難免不小心受一些傷。

　　學習木藝難度不高，木雕創作、家具製作、木模原型……只要掌
握製作步驟、安全輔具與治具應用、各類機器操作前的設定等，便能創
新創作出所需的原型、作品、產品、商品……以上安全觀念總須擺第一
位。製作木藝安全輔具之技能，應有空間觀念、圖學製圖、Auto CAD
電腦繪圖、熟練的木工技能、相關的五金運用、材質的熟悉、養成預知
危險與提升安全操作的能力。木藝品透過雙手操作工具製作完成，初學
者學習技術訓練之初，技法的熟悉度非常重要，但是創意發想訓練更是
重點，如此方有優異的木藝術產出，創意的來源須時常於生活中觀察，
賦予造形創新能力及自我訓練。

　　現今加工技能多樣化，從傳統手工到機器加工再到數位生產，讓產
量倍增，除標準化、規格化之外，更提升了精準度與細緻度，加深工藝
極致性。其中數位生產大大地降低工安危險，而傳統機器加工的危險發

1　呂清夫，《造形原理》，臺北市：雄獅圖書股份有限公司，2001 年 9 月，頁 17。

生機率依然存在。本研究依木工常用機器，朝「創新・復刻・再生」等三個面向設計，期望以提升初學或操作木工加工機器者在生產製作時的安全為主要目的：

創新：筆者於木藝創作或教學時為了降低危險而設計的輔具。

復刻：重現使用於木工機器的輔具，加以優化。

再生：現用輔具再改良成更具安全性或便利操作。

《論語・衛靈公》以「工欲善其事・必先利其器」為開頭。

筆者以「木創育安全・輔具不可棄」為木藝的操作安全作註解。

第二節
架構與流程
—

從自身體認到觀察操作機具的員工、職場木工師傅及學習中的學生們的受傷情形，讓筆者認知研究開發木藝操作的安全輔具動機，設計研究的架構及流程如下（圖 1-1）。

第三節
內容與方法
—

本節依據具體研究目的詳述內容與方法如下：

一、研究內容

（一）筆者個人創作過程中碰到危險工法時，首先須判斷有哪些機器可以處理，如鋸切、形銑、線鋸、帶鋸……？若機器無法提供額外安全操作，則先選擇比較容易發生操作危險的機器進行輔具設計。

（二）於基礎教學上，為了讓初學者建立正確的操作安全與加工概念，

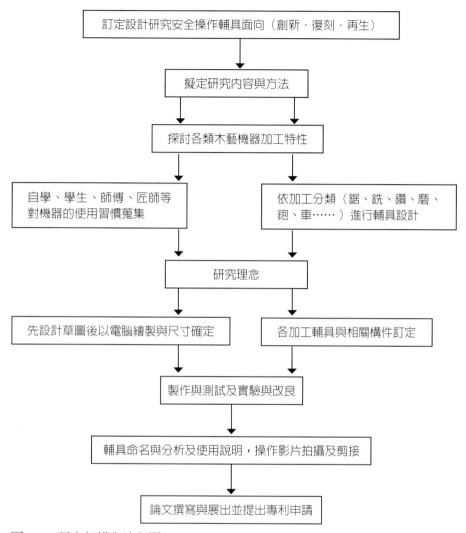

圖 1-1　研究架構與流程圖

　　除進行各機器正確操作示範，更須講解如何讓機器安全設定，再
　　朝安全輔具設計著手。
（三）各式木藝加工機器都有專用功能，但有時不及使用時，便思考朝
　　　個人、附加、擴充、套裝等面向，在機器上增加安全操作選項。
（四）數位時代讓木工業生產再升級，整合傳統機器的單一功能，改善

了部分工安發生，但傳統機器依然重要，因此需求生產量大時，協助操作者的安全輔具之角色更是重要。

二、研究方法

（一）針對筆者自學、職場師傅、在學學生、資深匠師等，對機器的使用習慣之蒐集並分析。

（二）機器使用習慣蒐集整理後，依木工機器設備之鋸切、刨削、孔鑿、車製、研磨、鑽孔……進行設計研究製作與測試，再改良精進已使用中之輔具。

（三）先手繪草圖，再以 Auto CAD 電腦繪圖軟體繪製正確構件設計圖，圖形須清晰準確，避免製作時產生尺寸誤差。

（四）考量安全輔具使用時受到刀具鋸切或形銑，因此使用變形率低、密度高及方便取得的夾板，加上輔助使用的五金構件，提升操作上的安全性。

筆者認為學習木藝創作技能不難，除造形設計能力與創意訓練外，另須具備相關結構知識、製作工序熟練度、機器的安全設定、安全輔具設計能力。還有操作機器時須認知危險隨時存在、機器不認人，並養成預知危險的習慣與能力。

第四節
範圍與限制
一

本研究範圍在如何降低筆者創作以及職場師傅、在學學生、資深匠師於木藝製作時操作機器之危險，以機器功能之鋸切、刨削、孔鑿、車製、研磨、鑽孔……依手工具使用與機器操作不同技術，進行個人、附加、擴充、套裝等安全輔具設計。本節依據具體研究目的，詳述範圍與限制如下：

一、研究範圍

　　本研究由自學者、在學學生、職場師傅、資深匠師等四類，分析受傷率為：自學者因興趣而自我學習與摸索，但對工具使用或機器操作不熟悉＞在學學生有些沒上過基礎課程而直接選修進階＞職場師傅因生活或工作需求，但雇主沒有安排職前機器操作或人身的工安訓練＞資深匠師因太熟悉工具或機器，但一時疏忽而受傷。依筆者任教之國立臺灣藝術大學工藝設計學系木藝實習教室的機器設備，例如：可鋸切的圓鋸機（圖1-2）、可刨削的手壓鉋機（圖1-3）、可鑿孔的角鑿機（圖1-4）、可車製的木工車床（圖1-5）、可研磨的圓盤砂磨機（圖1-6）、震盪

圖 1-2　圓鋸機

圖 1-3　手壓鉋機

圖 1-4　角鑿機

圖 1-5　木工車床

砂帶機（圖 1-7）、可鑽孔的立式鑽床（圖 1-8），以及可直剖板、橫切斷、曲線取形的帶鋸機（圖 1-9）……爲避免因不當操作而造成人身傷害，設計研究範圍設定以自學者（初學）或在學學生實習時之安全操作，未來可延續推廣至職場師傅並與資深匠師分享。

圖 1-6　圓盤砂磨機

圖 1-7　震盪砂帶機

圖 1-8　立式鑽床

圖 1-9　立式帶鋸機

二、研究限制

（一）場域限制：國立臺灣藝術大學工藝設計學系木藝實習教室的機器設備，堪稱為一間生產家具的小型工廠，因此本研究依工廠設備及工序進行適當的安全輔具設計研究並實踐成果。

（二）對象限制：在木藝領域裡，筆者曾經也是一位自學者，從摸索使用手工具到學習機器操作的心路歷程，冷暖自知。進入職場再到教職教授木藝課程，近二十年來在課堂上總有學生因不小心及操作不當而受傷，因此本研究先限制以在學學生為對象，所設計研究的輔具由學生優先使用，若有缺失再修正以達完美。

（三）材質限制：本研究基於使用實木製作長時間會受氣候溼度影響準確性，也考量安全輔具使用時受到刀具鋸切或形銑的損壞情況，因此限定使用抗破裂、抗收縮、抗扭曲、變形率低與密度高的夾板（膠合板）[2]（圖 1-10），並依不同需求調整厚度應用或使用六分厚度木心板，再加上輔助的五金構件（圖 1-11），提升操作上的安全性。

圖 1-10　各式厚度的夾板與木心板　　圖 1-11　輔助使用的五金構件

2　維基百科，〈https://zh.wikipedia.org/wiki/膠合板〉，檢索日期：2021 年 5 月 24 日。

第五節
名詞釋義

　　本節依研究的具體目的之相關名詞作出界定與釋義，共分爲輔具／
治具／夾具、創新、復刻、再生及套裝等，並一一說明如下。期望提升
初學或操作木工加工機器者，在生產製作時的安全爲主要目的。

一、輔具／治具／夾具

　　「輔」[3] 以動詞解釋有扶助、幫助之意；如：輔助、輔佐、輔導、相
輔相成。「治具」[4] 一詞是英文「jig」翻譯爲日文引用，已成通俗用詞；
是木工、鐵工或其他手工製品的大類工具，主要作爲協助控制位置或動
作（或兩者）的用具。治具著重在工作和導引；夾具[5] 則著重於支撐、
定位或扣緊固定物件的工具。本研究初始點的動機是研究設計輔助木工
的安全操作，若以治具或夾具稱呼都不盡理想，因此筆者認爲符合安全
操作的輔具應該是治具與夾具共用或互用的統稱。

二、創新

　　「創新」[6] 的定義是推出新事物，或是以現有的思維模式提出有別
於常規或常人思路的見解爲導向，利用現有的知識和物質，在特定的
環境中，本著理想化需要或爲滿足社會需求，去改進或創造新的事

3　教育百科，〈http://pedia.cloud.edu.tw/Entry/Detail/?title= 輔〉，檢索日期：2021 年 6
　　月 7 日。

4　維基百科，〈https://zh.wikipedia.org/zh-hant/ 治具〉，檢索日期：2021 年 5 月 30 日。

5　《國語大辭典》，〈https://dacidian.18dao.net/zici/%E5%A4%BE%E5%85%B7〉，檢
　　索日期：2021 年 6 月 8 日。

6　維基百科，〈https://zh.wikipedia.org/zh-tw/ 創新〉，檢索日期：2021 年 5 月 21 日。

物、方法、元素、路徑、環境，並能獲得一定有益效果的行爲。英文「innovation」是指科技上的發明、創造。

　　《國語辭典》中詞語「創新」[7]的意思是創造、推陳出新；例如：產品必須不斷創新，才能吸引消費者。本研究基於筆者在木藝創作或教學時爲了降低操作危險，而在創新定義下設計研究的新型式操作安全輔具。

三、復刻

　　「復刻」[8]的定義是將已經停產或停止發行的產品或出版品進行一系列的修改後重新生產或發行。「復」[9]的意思是還原、回到原來的狀態。「刻」[10]的意思是雕鏤；例如：刻字、雕刻、刻舟求劍。本研究經搜尋職場曾經使用過且不可考究年代的輔具，給予復刻重新製作使用於木工機器再加以優化。

四、再生

　　「再生」[11]的定義是將廢棄資源再加工、再利用成爲新產品，化廢爲寶，回復物件的原本功能。本研究在於以現用木藝輔具原有功能再改良，修正成更具安全性或便利操作的安全輔具。

7　《國語辭典》，〈https://cidian.18dao.net/zici/ 創新〉，檢索日期：2021 年 5 月 21 日。

8　維基百科，〈https://zh.wikipedia.org/zh-tw/ 復刻〉，檢索日期：2021 年 5 月 21 日。

9　《國語辭典》，〈https://cidian.18dao.net/zici/ 復〉，檢索日期：2021 年 5 月 21 日。

10　《國語辭典》，〈https://cidian.18dao.net/zici/%E5%88%BB〉，檢索日期：2021 年 5 月 21 日。

11　《國語辭典》，〈https://cidian.18dao.net/zici/%E5%86%8D%E7%94%9F〉，檢索日期：2021 年 5 月 21 日。

五、套裝

　　「套裝」[12]的意思是成套的組合包裝，有互相配合、銜接或重疊，可增加功能之意。本研究基於創新、復刻、再生等三面向設計的輔具賦予附加套裝定義，配對成一加一大於二的安全功能，讓安全輔具除能單一使用外還有擴充價值。

12　《國語辭典》，〈https://cidian.18dao.net/zici/%E5%A5%97%E8%A3%9D〉，檢索日期：2021 年 5 月 21 日。

第二章

文獻探討

　　本章依研究具體目的進行文獻探討，共分第一節「相關木工職業類別分析」、第二節「針對曾發生的木工職災案例探究」、第三節「職場曾用與現用的輔具分享」、第四節「現用輔具引用與材質轉換的可能」等四節，依設計適用性與操作通用性的原則進行研究探討。

第一節
木工職業類別

一

　　有句話說：「三百六十行[1]，行行出狀元」，意思是無論從事各種行業，只要有心、有目標、有堅持，都會有好成就。唐代已有三十六個行別記載，經分工多年工種越細，因此三百六十行這一說法，只是一個概算數字，表示有很多行業別。「木工」[2]一詞代表以木媒材為主的生產職業或事業，在亞洲，傳統的木工被認為是下等的行業，大致分為大木作、細木作、木雕等三類，而傳統歐美認為木工是一種廣泛的工藝。現今大致分成三類：房屋修造建築的「大木作[3]」、室內裝潢修飾的「裝潢木工」、家具製作生產的「家具木工」等，中華民國行政院主計總處職業標準分類[4]中，把建築物的大木作及室內裝修的裝潢木工人員歸入營建木作人員範疇。

　　大木作有以木結構（榫卯）為主要工法的大木作與美感裝飾的小

1　維基百科，〈https://zh.wikipedia.org/zh-hk/ 三百六十行〉，檢索日期：2021 年 6 月 17 日。

2　維基百科，〈https://zh.wikipedia.org/zh-tw/ 木工〉，檢索日期：2021 年 6 月 8 日。

3　文化部國家文化資料庫，〈http://nrch.culture.tw/twpedia.aspx?id=4811〉，檢索日期：2021 年 6 月 17 日。

4　行政院主計總處職業標準分類，〈https://mobile.stat.gov.tw/StandardOccupationalClassificationContent.aspx?RID=6&PID=NzkyMw==&Level=4〉，檢索日期：2021 年 6 月 17 日。

木作兩種，而現代 RC 建築室內裝修工程木作部分有門窗木工、櫥櫃製作、天花板、木地板等專業人員，以及家具製作生產的家具木工，生產過程中有手工雕刻師及專業的各木工機器操作人員，從設計、製作、裝飾、修理、包裝等方式完成。

一間具規模且完備的家具生產工廠內擁有：剖切雛型的帶鋸機、鋸切平板的裁板機、裁鋸長短料的圓鋸機、刨削基準面的手壓鉋機、刨光等厚度的平鉋機、鑽製卯孔的角鑿機、多量複製的仿形立軸機、圓形物件的木工車床、研磨平整的圓盤砂磨機、曲形研磨的震盪砂帶機、取空的鑽孔機等，以上各機器都須由受過專業訓練及安全衛生教育的人員操作，以免因操作機器不熟悉而產生嚴重工安，並時時有安全警覺性，自然減少職災的發生。除以上木工職業別之外，還有：

一、工業製品大量生產前的木模原型師

製作翻砂用木模，灌注高溫液態金屬，降溫後成型。

二、神像雕刻的木雕師

利用金屬雕刻刀以木材進行美感的減法技術，著重神韻造形處理。

三、木工藝課程的專業教師

傳統木工技能經過師徒制一代傳一代，屬於技術傳承，而學校或工作坊教學除技術教學外，再安排美感訓練與機器操作安全課程。

四、從事木媒材藝術創作的藝術家

這是一群透過技能學習，以木材進行具感性思考、理性呈現的空間視覺大師。

電腦時代數位加工設備如：CNC 雕刻機、雷射切割機……改善了

傳統生產模式，有些木領域的職業無形地消失，部分手工技能慢慢被取代，職稱也改變中，進入木工機械工業 4.0 的當代，少樣多量工業生產的標準規格木製品，因為消費者的美感鑑賞改變，慢慢朝向多樣少量工藝化的客製品，但不變的需求還是存在，求新求變的商品依然有市場。三百六十行真的只是概算的數字，木材就在日常中，依然有所好者繼續堅持，木工大好。

第二節
木工職災案例
一

自古以來木材是人類接觸最頻繁、最容易取得的天然材料，古代人類的日常生活與木工息息相關，如利用木材的可燃燒性改變了生食習慣、將天然石材磨利以草繩綁在木枝上成為攻擊的防禦武器、擷取樹幹的分枝當現成掛勾使用、樹幹挖空成獨木舟的水上交通工具……千年來人類利用木材燃燒產出的木炭及冶金[5]的技術成熟，製作了木工相關手工具，提升木工藝製作的精良度。百年前工業革命後，以人力、畜力為主的手工加工技術轉換成機器製造，擴大經濟規模，加快生產速度與產量，而機器生產比起手工具製作時產生的傷害來得大且更嚴重。

依勞動部勞動及職業安全衛生研究所劉國青先生的《營造業木工作業安全指引研究》：「根據 101 年勞保給付統計資料，前十大營造業相關職業工會職災申報共計 1,860 件，相關木工職業工會含括 3 個，共計 622 件，占 33%。以職災媒介物為例，使用動力機械、木工機械、手工具受傷的職災申報，從 97～101 年統計，與相關木工職業工會（木工、竹工、室內裝潢）之申報共有 228 件，其中與木工相關的有圓鋸機 11

5　MBA 智庫百科，〈https://wiki.mbalib.com/zh-tw/ 冶金〉，檢索日期：2021 年 5 月 27 日。

件，其他木材加工機器 124 件，手工具 9 件。」[6]

　　再依勞動部《勞動及職業安全衛生研究季刊》第 19 卷第 4 期〈木工職業傷害與安全衛生教育訓練〉之調查表列[7]（表2-1）：受傷的原因、嚴重程度、類型、部位、媒介物等統計[8]，其中受傷部位以手指與手掌占相當高的比例，而這兩部位更是木職工展現技能的首要。

　　以上資料雖然距今多年，因操作機器時仍須認知危險的存在，由於機器不認人，須養成預知危險的習慣，所以操作者（內在因）的安全意識不足時可從安全教育著手，而機器設備（外在因）可從設備商改良機器操作安全著手，若現有機器無法提供額外安全操作，可搭配機器的操作安全輔具使用。

表 2-1　木職工受傷的原因、嚴重程度、類型、部位、媒介物

	人數	百分比
受傷的原因（複選：n = 183）		
手工具老舊破損	15	8.20
未戴個人安全防衛具	32	16.94
沒有安全知識	30	16.39
移除或未設防護設施	14	7.65
工作環境雜亂	37	20.22
弄錯工作程序	22	12.02
自己疏忽	137	74.86
溝通協調不良	6	3.28
欠缺工地管理	17	9.29

6　劉國青，《營造業木工作業安全指引研究》，新北市：勞動部勞動及職業安全衛生研究所，2015 年，頁 1。

7　陳美顏、李素幸，《勞動及職業安全衛生研究季刊》，第 19 卷，第 4 期，新北市：勞動部勞動及職業安全衛生研究所，2011 年，頁 551～558。

8　木工職業傷害與安全衛生教育訓練之調查，〈https://laws.ilosh.gov.tw/ioshcustom/report/sub-03?id=72359359-3131-4d67-a085-84759c76d8ab〉，檢索日期：2021 年 7 月 14 日。

	人數	百分比
受傷的嚴重程度（複選：n = 181）		
殘障	2	1.10
未殘障但有住院	20	11.05
有送醫治療，一天內就回家	85	46.96
沒送醫治療，現場急救包紮	105	58.01
受傷的類型（複選：n = 189）		
被切、割、擦傷	140	74.07
感電	6	3.17
與有害物接觸	10	5.29
跌倒	52	27.51
墜落、滾落	15	7.94
姿勢不正確或重複性動作	18	9.52
不當動作	34	17.99
物體飛落	21	11.11
物體倒塌、崩塌	3	1.59
被夾、被捲	6	3.17
被撞	13	6.88
受傷的部位（複選前 5 名：n = 188）		
手指	140	74.47
手掌	55	29.26
頭部	19	10.11
膝蓋	18	9.57
足板	17	9.04
受傷的媒介物（複選前 5 名：n = 188）		
扳手	187	99.47
美工刀	62	32.98
槌子	43	22.87
鋸子	34	18.09
釘槍	31	16.49

　　筆者於教學上的經驗，學生曾經錯誤使用機器造成傷害，以及職場裝修師傅的不當操作、網路搜尋的錯用工具中，以鋸切使用率最高的圓鋸機工安傷害案例最多，有木料旋轉反彈（圖2-1）、木料側壓回拉（圖2-2）、手提圓鋸倒裝徒手送料（圖 2-3）、鋸片未降低而徒手送料（圖

2-4）、鋸片未降低而窄料短鋸切（圖 2-5）、窄料短邊依靠斜鋸切（圖
2-6）、不當操作帶鋸機讓手部受傷（圖 2-7）、手持砂輪機錯裝鋸片
操作時容易咬刀造成傷害（圖 2-8）、操作帶鋸機鋸柱形物反彈傷及手
指（圖 2-9）……依序為鋸切的圓鋸機、刨削的手壓鉋機、刨平的平鉋
機、研磨用的手持式砂輪機及鋸切的吊式圓盤鋸、形銑的修邊機、車製
的木工車床等職災。顯然有些傷害多為機器操作知識與安全設定觀念的
不足、使用非正確的機器、不熟悉的手勢應變技巧、未養成預知危險的
習慣等因素造成。

圖 2-1　木料旋轉反彈

圖 2-2　木料側壓回拉

圖 2-3　手提圓鋸倒裝徒手送料

圖 2-4　鋸片未降低而徒手送料

圖 2-5　鋸片未降低而窄料短鋸切

圖 2-6　窄料短邊依靠斜鋸切

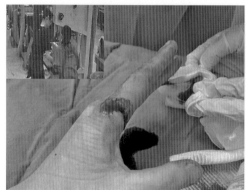

圖 2-7　不當操作帶鋸機讓手部受傷

圖 2-8　手持砂輪機錯裝鋸片，操作時容易咬刀造成傷害

圖 2-9　操作帶鋸機鋸柱形物反彈傷及手指

　　100-105 年校園實驗室重大事故災害分析[9]統計，木工操作與場域性的傷害（切、割、擦傷）占 12% 左右（圖 2-10），其中國立臺北教育大學總務處環安組安全衛生的學校工作場所職災案例統計中，木工機器非安全操作各事故如下。

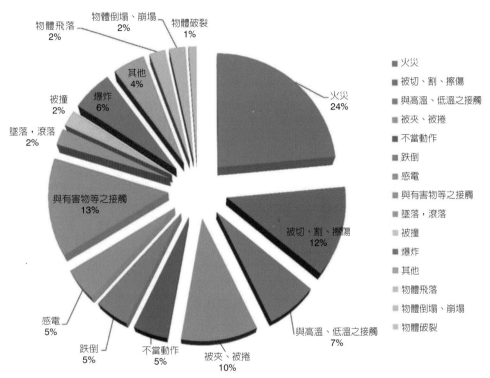

圖 2-10　木工操作與場域性的傷害

一、平鉋機未斷電即進行木屑清除而導致手指遭刨碎

　　「某藝術大學工藝系大四 A 學生，在木工實習工場以平鉋機刨削

9　勞動部勞動及職業安全衛生研究所，〈https://www.safelab.edu.tw/FileStorage/files/100-105 年校園實驗室重大事故災害分析 .pdf〉，檢索日期：2021 年 6 月 15 日。

木料，當從出料口接取木料並放置後，在未關閉電源情況下，掀開抽氣罩（圖 2-11）用右手欲將木屑掃除，瞬間右手四指被高速迴轉之鉋刀刨碎。」[10]

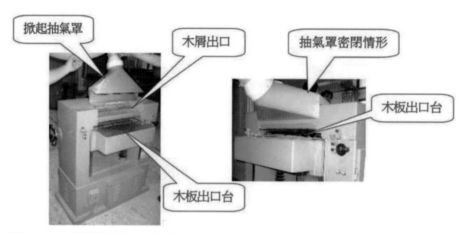

圖 2-11　平鉋機刨削木料各位置

二、鉋木機未斷電即進行故障排除而導致拇指遭壓碎裂事件

「某科技大學學生上課操作自動鉋木機時，因木條卡在機台，該生使用另外一根木條欲將卡住之木條推出（圖 2-12），未料該木條卻也卡入機台內；在未停機狀況下（圖 2-13），該生試圖用手伸入機台內，進行故障排除，而導致右手拇指遭壓碎裂。」[11]

10　學校工作場所職災案例－總務處業務，〈https://general.ntue.edu.tw/upload/environment/files/53 平刨機未斷電進行木屑清除而導致手指遭刨碎 .pdf〉，檢索日期：2021 年 6 月 2 日。

11　學校工作場所職災案例－總務處業務，〈https://general.ntue.edu.tw/upload/environment/files/52 鉋木機未斷電即進行故障排除而導致姆指遭壓碎裂事件 .pdf〉，檢索日期：2021 年 6 月 2 日。

圖 2-12　欲將卡住之木條推出　　　　圖 2-13　自動鉋木機

三、手指被手壓鉋木機切斷事件

　　「某農工系技裝班選手，因參加全國技能競賽，在一樓室內設計工場實施選手訓練機械操作部分，因手推板設計不當（圖 2-14）及作業不慎，導致進行刨削木板時，右手握持之手推板滑跳至加工木板上（圖 2-15），進而推擠左手手指與鉋刀接觸（圖 2-16），導致左手手指被手壓鉋木機削切斷約一節。」[12]

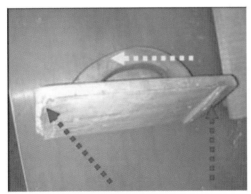

肇災手推板—先前已多處遭鉋刀切削　　　危害點—鉋刀切口
圖 2-14　設計不當的手推板　　　　圖 2-15　紅圈為危險區

12　學校工作場所職災案例—總務處業務，〈https://general.ntue.edu.tw/upload/environment/files/046 手指被手壓鉋木機切斷事件.pdf〉，檢索日期：2021 年 6 月 2 日。

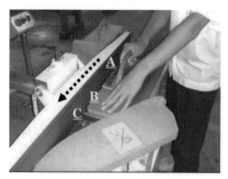

事發現場目擊學生之模擬

手推板跳脫 A→將左手手指前推 B

→與鉋刀接觸 C　　　　　　圖 2-16　　模擬受傷過程手勢

四、圓盤鋸之鋸齒捲入木料飛出傷人事件

「某工商操作懸臂圓盤鋸時，因圓盤鋸未設置護罩（圖 2-17）及切削後木料散置鋸台上未整理，木料被圓盤鋸鋸齒接觸而捲入飛出，彈擊至操作者正在檯面上扶住加工木料的左手拇指（圖 2-18），造成指甲剝落，指尖骨頭碎裂。」[13]

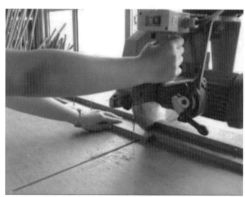

圖 2-17　圓盤鋸未設置護罩　　　　圖 2-18　彈擊左手操作模擬

13　學校工作場所職災案例—總務處業務，〈https://general.ntue.edu.tw/upload/environment/files/45 圓盤鋸鋸齒捲入木料飛出傷人事件 .pdf〉，檢索日期：2021 年 6 月 2 日。

五、手與圓盤鋸之鋸齒接觸導致切割傷害事件

　　「某大學建築系木工房（實習室），於災害發生當日下午，該系內一名一年級學生施作『材料與創作』作業，在木工房（實習室）操作未設鋸齒接觸預防裝置及反撥預防裝置（圖 2-19）之圓盤鋸而發生事故（圖 2-20）。」[14]

發生事故之圓盤鋸，未設鋸齒接觸預防裝置及反撥預防裝置

圖 2-19　未設鋸齒觸預防裝置及反撥預防裝置

發生事故之圓盤鋸，仿當時學生作業之情形，以右手壓住木材往前推，但未確實使用進料推盤。　　進料推盤

圖 2-20　模擬受傷操作過程

六、學校從事木工創作作業，因使用傾心圓盤鋸而發生截肢、斷裂災害

　　「某大學同學於實習工廠使用傾心圓盤鋸（圖 2-21）切割小型木材時，因將傾心圓盤鋸之安全防護罩掀開且在未使用推桿條件下即進行切割工作（圖 2-22），不慎割斷右手拇指及割傷右手食指。」[15]

14　學校工作場所職災案例－總務處業務，〈https://general.ntue.edu.tw/upload/environment/files/32 手與圓盤鋸之鋸齒接觸導致切割傷害事件 .pdf〉，檢索日期：2021 年 6 月 2 日。

15　學校工作場所職災案例－總務處業務，〈https://general.ntue.edu.tw/upload/environment/files/19 學校從事木工創作作業因使用傾心圓盤鋸發生截肢、斷裂災

圖 2-21　傾心圓盤鋸

圖 2-22　安全防護罩掀開

七、某國民小學事務組長使用手持式砂輪機發生割傷職業災害

「一〇九年四月二十三日
八時二十分許，事務組長林〇〇
於感恩樓頂維修課桌椅，期間使
用手持式砂輪機不慎滑落（圖
2-23），致右小腿肌肉切割傷（深
五公分、長度二十公分及韌帶斷
裂），血流如注，經送醫院手術
縫合並住院治療。」[16]

圖 2-23　使用手持式砂輪機不慎滑落

八、某高級中學老師使用手 式木工修邊機遭割傷職業災害

「一〇七年八月二十三日十一時四十分許，廣告設計科徐〇〇老師

害 .pdf〉，檢索日期：2021 年 6 月 2 日。

16　校園職業災害案例，〈https://www.klgsh.kl.edu.tw/wp-content/uploads/doc/klgsh513/
校園職災案例彙編 .pdf〉，檢索日期：2021 年 6 月 20 日。

於○○高級中學藝術館一樓綜合工坊進行教學準備，使用手持式木工修邊機進行木製支撐架木板孔洞擴孔作業時，修邊機切削木料產生之反作用力造成修邊機彈起（圖 2-24），徐員未握牢修邊機致被該機器高速旋轉之刀刃割（削）傷左手腕部外側。」[17]

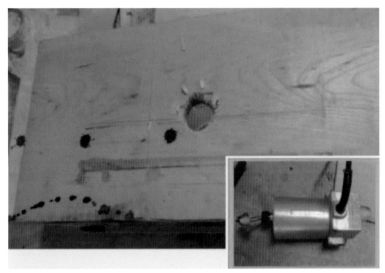

圖 2-24　修邊機切削木料產生之反作用力造成修邊機彈起

九、使用非正確的機器

「多名學生位於實習工廠共同協力趕製畢業展架，罹災之 A 生在木材加工用圓盤鋸（圖 2-25）仍通電轉動情況下擬鋸切合板材料，可能因持握材料之右手太靠近鋸片（圖 2-26），且不知自己大拇指首節已進入鋸片直徑約二十一公分鋸齒鋸切範圍內，致在切割時切斷右手大

17　校園職業災害案例，〈https://drive.google.com/file/d/19e7vBThYmvDxbH2tg3CzAm-Ig4BcTd1l/view〉，檢索日期：2021 年 6 月 2 日。

拇指第一指節。」[18]

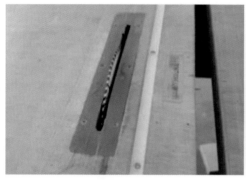

圖 2-25　木材加工用圓盤鋸　　　　圖 2-26　因持握材料之右手太靠近鋸片

　　以上各案例大部分都是不當操作及錯用機器或未使用安全輔具，而事後檢討都是靜態記錄，因為工安的發生非常即時，不太可能有動態影片記錄，除非有監視設備存檔，便能分析受傷過程及探討不當操作並加以修正。

　　網路搜尋一則真人演繹的「材料反彈的驚險瞬間」[19]（圖 2-27），主要是詮釋圓鋸機與修邊機（圖 2-28）使用的方便性，但若是以不當的操作動作，萬一導致材料反彈，可能造成嚴重的傷害。木工好好玩，木材與人類日常息息相關，大到木結構房宅，小到工藝裝飾品，製作過程更須強調防護措施安全輔具的重要性。

18　校園職業災害案例，〈https://general.ntue.edu.tw/upload/environment/files/53 實驗 (習) 場所發生被切、割、擦傷意外災害 .pdf〉，檢索日期：2021 年 6 月 15 日。

19　YouTube，〈https://tw.video.search.yahoo.com/search/video;_ylt=AwrtSXXGjclg FyIAIUJr1gt.;_ylu=Y29sbwN0dzEEcG9zAzEEdnRpZAMEc2VjA3BpdnM-?p= 木工危險操作影片 &fr2=piv-web&fr=yfp-search-sb#id=2&vid=99e9023de7f72aac04b840ca8630b ee5&action=view〉，檢索日期：2021 年 6 月 15 日。

圖 2-27　材料反彈的驚險瞬間

（圖片來源：〈https://www.youtube.com/watch?v=PzsUBHU-WOM〉，檢索日期：2021 年 6 月 15 日。）

圖 2-28　使用修邊機時材料反彈的驚險瞬間

（圖片來源：〈https://www.youtube.com/watch?v=PzsUBHU-WOM〉，檢索日期：2021 年 6 月 15 日。）

第三節
可優化曾用與現用的樣式
一

　　木製品的生產機器可以處理：直鋸、橫切、刨平、研磨、車製、鑿方、彎曲、鑽孔、雕花、修整、刮削、形銑等，廠商設計生產機器時以單一功能（不計數位設備）為主，若使用者有角度、高度、曲鋸直或取形、大量生產等等的需求，而機器本身無法提供額外安全操作，則先選擇比較安全的機器進行，此時安全輔具設計是必須的，以下為各機器曾用與現用的樣式：

一、圓鋸機

　　透過網路搜尋目前木製品生產工廠現用圓鋸機木製推台（圖 2-29），符合使用需求，形式簡單，但過大的尺寸可能影響操作的便利性，操作安全稍有不足。

圖 2-29　圓鋸機木製推台

　　室內裝修木工師傅以簡易鋸台改裝附加式推台（圖 2-30），有巧思的附加鋁製導條與夾座的推台（圖 2-31）提升操作安全性，但影響了使用便利性。不同的需求有不同的思考，如裁切時木屑及材料可能會飛起或回彈，就可以加上透明壓克力板（圖 2-32），降低危險性；不過其有些簡陋，只是先解決了問題，應該進一步改善操作方便性與美感設計。

圖 2-30　簡易鋸台改裝附加式推台

圖 2-31　附加鋁製導條與夾座的推台　　圖 2-32　加上壓克力板的推台

　　操作圓鋸機須裁切角度時，除機器本身可鋸切垂直與傾斜角度功能外，可利用推台進行臨時性水平角度設定的裁切（圖 2-33）及臨時性垂直角度設定的裁切（圖 2-34），操作時若雙手左右使力不平均及木導條的耗損，會影響精準度。木料切斷時推台即可收回，避免鋸片鋸出刀具護蓋，更不可手握推台刀具保護蓋，以免發生受傷。

圖 2-33　臨時性水平角度設定的裁切　　圖 2-34　臨時性垂直角度設定的裁切

　　製作鳩尾榫卯的家具，可設計專用水平角度榫推台（圖 2-35）與垂直角度榫推台（圖 2-36）兩者搭配使用，雖然由設計者設定的榫卯位置規劃而以機器代勞鋸切，一樣可製作出完美的鳩尾榫卯家具風格。

圖 2-35　水平角度榫推台

圖 2-36　垂直角度榫推台

　　若不規則邊緣的長形大板邊緣要切平直，使用如圖 2-37 的工具，靠著依板輔助裁切可安全操作。寬板切薄片時可使用輔具靠著如圖 2-38 的依板大量鋸切。角材鋸切梯形材有如圖 2-39 的輔具可參考使用。

圖 2-37　不規則邊裁平直

圖 2-38　助推板切薄片

圖 2-39　角度裁切鋸座

　　個人操作需求上的手握助推板（圖 2-40）可增加推送木料的穩定性與安全性，可依人因尺寸及材料大小調整變更規格（圖 2-41），形式可以再設計。推進時須有下壓的力道，避免材料翹起或回彈。

圖 2-40　握式助推板進行鋸切

圖 2-41　手握助推板

　　當使用薄型助推板推送時若手部容易左右晃動，則可使用套入靠板的做法助推（圖 2-42），因只能前後移動無法左右任意放置，所以不適用於鋸切寬板，至於需垂直切板時可以製作一款如圖 2-43 的鋸切推座，增加操作安全與穩定性。

圖 2-42　套入靠板助推板　　　　圖 2-43　套入靠板榫頭助推座

二、修邊機

　　修邊機的發明取代多數傳統鉋刀的功能，各式修邊仿形（圖 2-44）只要有形板，若要銑溝槽（圖 2-45）或是穿透及花邊（圖 2-46），過程中容易產生大量粉塵與木屑，因此有集塵兼操作保護的輔具設計（圖 2-47），營造修邊安全性與樂趣。

圖 2-44　倒裝修邊仿形　　　　圖 2-45　形銑溝槽

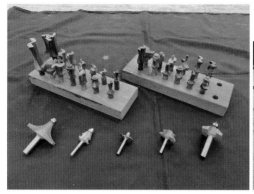

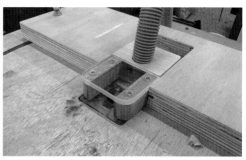

圖 2-46　修邊機花邊刀形　　　　圖 2-47　集塵兼操作保護的輔具設計

三、鑽床

　　鑽床裝上鑽頭可取孔或穿透，鎖上柱形砂紙（圖 2-48）就具有研磨功能，多量鑽製時須有定位輔具（圖 2-49），端面或窄邊鑽孔時，可用垂直輔具（圖 2-50）或角度輔具（圖 2-51），操作時下壓力須配合轉速進行，預防卡屑。

圖 2-48　鎖上柱形砂紙　　　　　圖 2-49　定位輔具

圖 2-50　垂直輔具

圖 2-51　角度輔具

四、圓盤砂磨機

　　圓盤砂磨機是快速研磨的好機器，但使用時容易產生大量粉塵，個人防塵措施的護目鏡及口罩要戴好，且無法研磨凹弧形式，不可做騰空研磨（圖 2-52）。因砂盤為逆時針旋轉，所以只能使用左半邊移動式研磨，不然容易卡屑，靠近圓心研磨力道小，越近圓周邊緣則研磨力道大，角度研磨時可以使用可調整角度輔具（圖 2-53），即安全又精準。

圖 2-52　騰空研磨是不安全操作方式

圖 2-53　砂盤角度研磨輔具

五、震盪砂磨機

震盪砂磨機與圓砂盤可互補不足的功能，可研磨凹弧形式，可垂直與水平操作。爲了避免產生傷害，個人防塵措施的護目鏡及口罩要戴好，並且不可騰空（圖 2-54）及以銳角材料研磨，以防砂帶破損甩動，因砂帶由左至右往復式快速轉動，所以操作時須以反作用力由右至左稍加壓力移動研磨。

圖 2-54　不安全的騰空研磨方式

六、帶鋸機

帶鋸機具備直剖板、橫切斷、曲線取形的功能，若以厚度剖板須以加高的靠板支撐以免晃動（圖 2-55），樹幹或柱形鋸切（圖 2-56）請使用 L 形或 V 形槽增加穩定性，避免滾動。

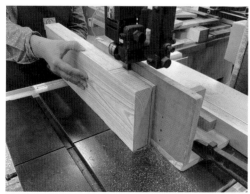

圖 2-55　加高的靠板支撐

圖 2-56　柱形鋸切使用 L 形輔具

七、角鑿機

　　角鑿機鑿製卯孔，可鑽鑿方形半透或透空的卯孔，以角度輔具進行單斜角度（圖 2-57）或複斜角度（圖 2-58）的鑿製，增加機器的使用設定，因為需求性質不同，而有臨時性輔具製作，解決一時的問題。

圖 2-57　單斜角度輔具　　　　　圖 2-58　複斜角度輔具

八、手壓鉋機

　　手壓鉋機是木材刨平不可或缺的重要機器，操作不當造成的傷害比重不低，因此須仰賴正確的操作手勢與安全輔具。如圖 2-59 是一種簡易型推具，而圖 2-60 雖然經過造形設計，但握把過高、底部太窄，容易晃動產生危險，且不符合人因使用，還有很大的改良空間。

圖 2-59　簡易型推具　　　　　　圖 2-60　雙手持用推把

九、木工車床

　　木工車床的功能基本上以圓形為主要，物件的圓心以針點固定再旋轉車製，透過刀具車削成型，如盤、碗、罐、燭台、欄杆、球棒……車床主機加左右頂針之外，左邊夾座是車製盤、碗、罐的好工具，欄杆、球棒等長物車削時，中段容易晃動，操作者須想辦法解決這問題。圖2-61是簡單大略的方式，經過完美的設計後就有如圖2-62的樣貌可使用，但還有改進的空間，若能夠以開啟的方式會更便利使用。

圖 2-61　簡單克難的支撐架　　　　圖 2-62　圈形支撐架

　　木工好好玩，透過手藝學習結合機器操作，讓物件快速且精準細緻地完成，機器原始發想的功能設計較單一思考，經過多次操作者演練後，發現機器的單一功能不足使用或是使用者熟悉度問題，都是可改進的養分。機器功能不足時，可設計合乎量化生產用的治具或安全操作的輔具補足，本節探討一些木藝前輩曾經使用或現用的木製輔具參考，讓筆者更上一層樓設計研究符合人因操作的安全輔具，期望讓未來學習木工的朋友功力大增。

第四節
形式與材質探究
—

　　木工職別在國內有室內裝修木工師傅及家具工廠操作人員兩大領域，而裝修師傅所使用的機器設備因場地問題，大部分都是方便移動及小型化的工具。近幾年已經有安全且方便的輔具上市販賣，如角度切割輔助器（圖 2-63）、板材角度切斷輔具（圖 2-64），提升師傅們現場施工時的準確性、裁切的方便性，大大降低傷害發生。以往在裝修現場需裁切有角度的板材時，都由資深的師傅想方法處理，如臨時製作角度板或任意取一片板材以鐵釘嫁釘角度。因為有需求，所以廠商嗅到商機就會設計開發，造福裝修業界。

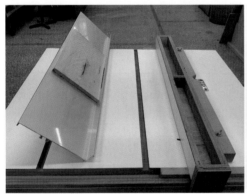

圖 2-63　角度切割輔助器

圖 2-64　板材角度切斷輔具

（圖片來源：〈https://www.cabinhouse8.com/tw/product/show.aspx?num=8074&brand=55&listqty=18&page=1〉，檢索日期：2021 年 6 月 24 日。）

　　家具工廠概分三類：一是傳統機器生產時以治具、夾具或扣具協助固定物件，二是半數位生產時以少數電腦型機器，但還是傳統機器為主要（產業升級必要過程），三是數位生產設備以 CNC 雕刻鑽孔機、雷

射切割機、電腦裁板機等。以上因為有些機器有專用需求，所以量少，若具市場性，廠商會開發生產屬於通用型的輔具，便採用適合大量生產的材料，如塑膠（圖 2-65）、木（圖 2-66）、鋁（圖 2-67）等製品。

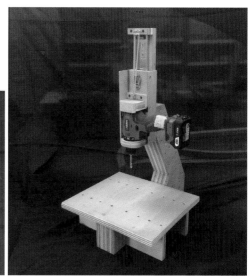

圖 2-65　塑膠製安全推把　　　　　圖 2-66　木製手提電鑽夾座

圖 2-67　鋁製長板縱切導板

（圖片來源：〈https://www.cabinhouse8.com/tw/product/show.aspx?num=4208&brand=55&listqty=18&page=6〉，檢索日期：2021 年 6 月 24 日。）

　　基於價格與環保循環經濟觀念，因此筆者重新思考與設計製作並加入人因習性使用的安全輔具，有人為尺寸因素。木工人除練習技能外，可以取得方便的實木材或選用好加工製作且不易變形的夾板，從設計製作中啟發新的想法再創新輔具功用，建立專用性或適用性，讓喜歡木工藝的人方便自製，安全使用降低傷害，除節省費用外還可以推廣普及。

　　傳統歐美人士認為木工是一種廣泛的工藝，學習木工的人口相對地多，因此市場上可以找到各式製作精良的安全操作輔具，讓學習木工不難，人人可上手。設計製作櫃體時，方便樹櫃門片安裝的櫃門安裝器（圖2-68），以及為了櫃體內部的位置美觀的層板打孔器（圖2-69），櫃體板材的組合使用斜口鑽孔器鑽孔再以螺絲鎖緊（圖2-70）當依靠，切板料可用防回彈羽毛板（圖2-71）避免木料回彈，原木櫃體四片板材端面可使用壓克力製快速製榫治具協助完成（圖2-72），製作組合家具時常需要側邊鑽孔，則有專用的壓克力製定位鑽座（圖2-73）及木框斜孔鑽具（圖2-74），可結合斜孔定位套組（圖2-75），以手提鋸鋸切大板可使用鋁製導板讓尺寸更精準（圖2-76），或以鋁製45度用切斷治具輔助（圖2-77），讓操作更方便、更穩固。

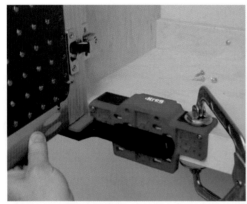

圖 2-68　櫃門安裝器

（圖片來源：〈https://www.cabinhouse8.com/tw/product/show.aspx?num=8097&brand=55&listqty=18&page=1〉，檢索日期：2021年6月24日。）

圖 2-69　層板打孔器

（圖片來源：〈https://www.cabinhouse8.com/tw/product/show.aspx?num=8091&brand=55&listqty=18&page=1〉，檢索日期：2021年6月22日。）

圖 2-70　斜口鑽孔器

（圖片來源：〈https://www.cabinhouse8.com/tw/product/show.aspx?num=8066&brand=55&listqty=18&page=2〉，檢索日期：2021 年 6 月 24 日。）

圖 2-71　防回彈塑膠製羽毛板

圖 2-72　壓克力製快速製榫治具

（圖片來源：〈https://www.cabinhouse8.com/tw/product/show.aspx?num=4359&kind=90&listqty=18&page=3〉，檢索日期：2021 年 6 月 22 日。）

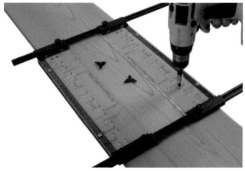

圖 2-73　壓克力製手提鑽定位規

（圖片來源：〈https://www.cabinhouse8.com/tw/product/index.aspx?kind=82〉，檢索日期：2021 年 6 月 22 日。）

圖 2-74　木框斜孔鑽具

（圖片來源：〈https://www.cabinhouse8.com/tw/product/show.aspx?num=8094&brand=55&listqty=18&page=1〉，檢索日期：2021 年 6 月 22 日。）

圖 2-75　斜孔定位套組

（圖片來源：〈https://www.cabinhouse8.com/tw/product/show.aspx?num=7525&brand=55&listqty=18&page=3〉，檢索日期：2021 年 6 月 22 日。）

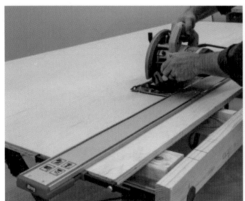

圖 2-76　鋁製裁切導板

（圖片來源：〈https://www.cabinhouse8.com/tw/product/show.aspx?num=8076&brand=55&listqty=18&page=1〉，檢索日期：2021 年 6 月 22 日。）

圖 2-77　鋁製 45 度用切斷治具

（圖片來源：〈https://www.cabinhouse8.com/tw/product/show.aspx?num=8073&brand=55&listqty=18&page=2〉，檢索日期：2021 年 6 月 22 日。）

鋁製修邊機倒裝式銑台讓形銑線條更俐落準確（圖 2-78），若須以手工具切角度，便使用塑膠製角度切割輔助器（圖 2-79），鋸切角度得心應手。製作一片大圓桌板的方式多種，修邊機是仿形與雕刻的好工具，以專用形規定好圓心即可銑正圓形（圖 2-80），更有多樣的操作功能運用。

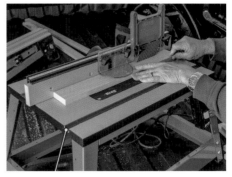

圖 2-78　鋁製修邊機倒裝式銑台

（圖片來源：〈https://www.cabinhouse8.com/tw/product/show.aspx?num=4205&brand=55&listqty=18&page=6〉，檢索日期：2021 年 6 月 24 日。）

圖 2-79　塑膠製角度切割輔助器

圖 2-80　修邊機專用形規

以上各式經過開模大量製作的安全輔具，因為學習木工藝人口漸多，市場需求相對大，而方便獲取的輔具須花一筆可觀的費用，若轉換成木媒材，再由木工朋友們設計改良製作出符合各種機器需求的安全輔具，造福初學者或需要者，如此人人安心操作無後顧憂，木製品會更精良。

第三章

理念與形式技法

　　透過文獻的木工職業類別、木工職業災害案例、可優化曾用與現用的樣式、形式與材質探究等，探討分析後再參酌最初的動機念頭與想達到的目的，於本章節詳加敘述設計的研究理念、內容形式與方法技巧如下。

第一節
研究理念
一

　　記得小時候第一次拿起榔頭、鋸子、虎鉗、十字起子，無人指導下敲釘起我的第一個木箱，當下傻乎乎的，根本不了解木工有所謂的危險，就是喜歡自己做木材的東西。求學階段選擇就讀美感訓練的科系，透過理性技能學習與感性發想創作，進入職場便學以致用，選擇家具與室內裝修產業為職業，並有幸受到母校聘任，教授木工相關課程至今。

　　職場上幾乎天天與木工師傅和機器為伍，也時常觀察師傅操作機器時的對與錯，看著其徒手推送材料從鋸片與靠板間通過，內心都起雞皮疙瘩，但心裡想著：「他們是熟悉操作的師傅，不會有事的。」然而還是曾經親眼目睹過慘狀，有時候會探討傷害的問題點，也會想如何破解他們的操作方式，又如何操作才是安全無害的。

　　學校的四年課程中，大一的木工課程是基礎學習，又具危險性，因此以手工技術與機器操作為必教課綱，安全與衛生宣導是必要的，除建立正確的觀念外更預防學生上課實習受傷，但還是總有不小心的狀況發生，最後就是須檢討以後要如何避免。使用手工具造成的傷害通常比較小，而機器是快速運轉，相對地受傷會比較嚴重，每每聽聞有學生受傷，不管是哪個學校，總有心疼與不忍的感受，認為建立預防的觀念與養成預知危險的習慣才是首要。課程以家具主題作業方式教學，從毛料

以圓鋸機鋸切備料→手壓鉋刨平一面基準面→平鉋機刨至所需厚度→圓鋸機裁切必要尺寸規格→圓鋸機鋸切榫頭或車床車製榫材→角鑿機鑿製卯孔或鑽床鑽製卯孔→帶鋸機剖切或線鋸機線鋸曲形線條。以上步驟有時要以單斜或複斜角度設定或規格製作，需臨時製作治具和扣具協助教學，又要顧及安全，因此起心動念要設計研究符合相關機器使用的安全輔具，讓學生們可以學習到木工該有的製作流程，以及更重要的是安全操作觀念建立。

　　文獻資料探討分析了木工職業災害案例，筆者認為可以從學習者自身修正操作方法、從教學面的教育著手、從工作環境的設備改進，更可以從法規面訂定，再透過探討常用的機器中最容易發生傷害的有哪些、人身受傷點哪裡最多；先從人為因素再到機器方面找問題點，人為因素由教育出發，再探討機器製造商開發機器時若能多一些安全操作考量，賦予更多的安全設定功能，對於操作者的安全更有保障。筆者從創新、復刻、再生等三個面向著手，以及可套裝具擴充性的安全操作輔具起始，並帶入課程實際驗證使用，於檢驗成效後進行修改，期望達到學習木工藝者人人安心使用，人人快樂使用，人人喜歡使用。

第二節
內容形式
一

　　木工職災案例探究後，在常用的機器中以裁切使用率最高的圓鋸機發生傷害最多，而刨平木材的手壓鉋機及平鉋機、剖切的帶鋸機、車削與旋轉的車床和鑽床、研磨的圓盤砂磨機與震盪砂帶機，也都有極多的例子。以上各機器都有專屬的操作模式，形式上會依操作功能進行設計研究，再依各機器形式進行創新設計安全輔具，有職場曾經用過或現在正使用中加以復刻的，現用輔具精進改良或材質轉換賦予再生，另外思考各輔具間套用擴充的可能，詳細說明如下。

一、創新輔具：筆者於木藝創作時碰到需要特殊裁切的狀況，如切、刨、鑽、磨、銑、車……只能臨時想辦法解決當下的問題，製作輔具的雛型使用。教學時學生們大都是初學者，有些已經在木工相關職場學習技能，工安宣導教學後，實作課程中每一件主題作業都會設定具挑戰的技法，所以為了降低操作危險而設計的安全輔具，可依設計圖尺寸具體化，除實用外還具有美感形式線條。

二、復刻輔具：曾任職過家具設計生產工廠，各式相關機器應有盡有，老闆認真開發市場，工廠內的師傅必須見招拆招地解決生產問題，碰到操作的機器無法依設計圖面執行製作時，就是要想出辦法解決。筆者以自己使用過、曾見過、搜尋過或與同好分享的，重現使用於木工機器的輔具，加以優化後而更方便操作。

三、再生輔具：現用輔具中出現的年代很多不可考，而且每位製作者都有一套其認知的美感與巧思，當時的想法可能是方便使用就好，就沒繼續發展或改良，實在可惜。或許製作的材料稍微改變後，可以更耐用、更準確，筆者試著以目前使用的各輔具，找出可改良或更具安全便利的操作方式加以再生。

四、套裝輔具：探討曾用與現用的樣式輔具中若加以形式與材質轉換，經過部分修正後而具有套裝、擴充、附加的可能，發揮一加一等於二甚至大於二，如此除創新以外，還可提升使用率、減少輔具總量、增加輔具的多樣使用性。

第三節
方法技巧
—

依前述木藝創作木品製作的成果是愉快喜悅的，以機器原有的操作功能之鋸切、刨削、孔鑿、車製、研磨、鑽孔……由設計圖依工序、依器序完成。本木藝安全輔具設計研究的起初，常常是為了上課安全操

作需求做暫時設定，爾後重畫草圖修正到適當，再以 Auto CAD 電腦繪圖繪製圖形，尺寸確定後，分圖層模擬適用度，再拆出各零件圖進行製作，最後實際操作，不良處再改良。

首先便是必須選擇穩定性佳、容易取得的夾板或木心板為主要材料（須經過除蟲處理，因為過程中有碰到蛀蟲事件），再搭配實木及方便購買的五金螺絲品項，使用木工機器加工製作安全輔具是最正確的方式。以下試舉筆者於 2019 年以「傳承」為主題的個展（見附錄），二十六件作品之其中四件，說明製作時偶然設定的輔具、治具或扣具的使用及技法，詮釋安全輔具的重要性。

一、背系列-2（圖3-1）

圖 3-1　背系列 -2，2018 年 5 月 15 日

當想法發生後，先設計草圖再延伸到 Auto cad 電腦繪圖（圖 3-2），繪製定案尺寸，製作椅面形板（圖 3-3），以二分之一的半形後複製成全形待用，裁切各構件的毛料，平鉋機與安全輔具設定的手壓鉋（圖 3-4）交互刨平，此時以圓鋸機鋸切所需尺寸材料，使用安全推把時應選擇所需的厚度。若不當使用將是發生傷害的前兆（圖 3-5），操

作輔助推台更需注意刀具的高度設定，當刀具太高會有鋸片鋸出護蓋的危險（圖 3-6），椅面板材備料因材積數較大而擔心反彈，在水平與垂直接觸點各安裝防回彈羽毛板（圖 3-7），套上椅面形板以修邊機倒裝銑洗仿形複製（圖 3-8），椅腳構件由木工車床依圖面尺寸的直徑車製

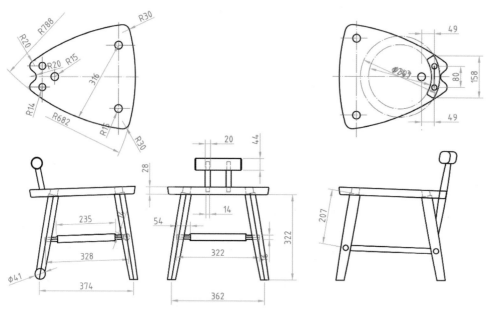

圖 3-2　背系列 -2 尺寸圖

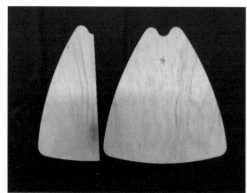

圖 3-3　椅面形板

圖 3-4　手壓鉋設定安全輔具操作

圖 3-5 應避免有紅框的情況發生

圖 3-6 紅框有出刀的危險

圖 3-7 設定防回彈羽毛板以防危險

圖 3-8 修邊機倒裝銑洗仿形複製

圖 3-9 木工車床車製椅腳

圖 3-10 椅面緣鑲入各色實木薄片

（圖 3-9），完成構件後再以鑽床，鑽取所需卯孔，再試組合並檢查細節修正，這時候有個念頭——想幫椅面妝點色彩，因此以修邊機裝上 T 形銑刀，沿邊緣銑出 3mm 溝槽，鑲入有顏色的各種實木（圖 3-10），整體有色彩趣味，比較不呆板。

　　木創作品的產出經過感性思考，以手藝或機器理性製作，呈現作者的空間想法，可說是感性與理性加上技術的大結合，更是作者掌握媒材的質感展現。

二、它系列-3（圖3-11）

圖 3-11　它系列 -3，2017 年 6 月 6 日

　　本作品與背系列 -2 相同，由草圖延伸到 Auto cad 電腦繪圖（圖 3-12），繪製各尺寸定案，依圖製作椅面形板（圖 3-13），先以二分之一的半形後複製到全形待用，同時也製作人字大小椅腳形板（圖 3-14），裁切各構件的毛料，為了讓椅腳可以大量複製，便製作兩款銑洗的輔具（圖 3-15）（圖 3-16），才能符合安全操作。此時須注意木紋理的方向性，有扯裂的可能，製作小椅腳鋸切榫頭的輔具有水平（圖

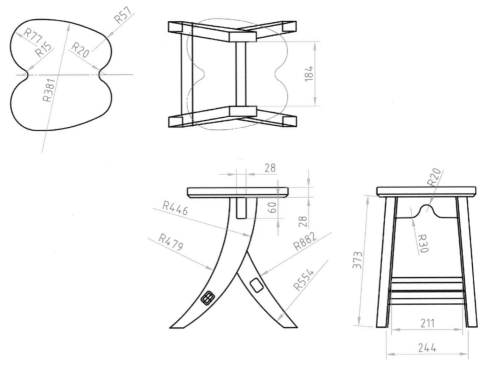

圖 3-12 它系列 -3 尺寸圖

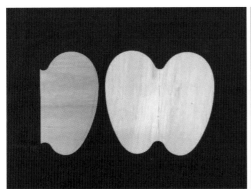

圖 3-13 椅面形板

圖 3-14 椅腳大小形板

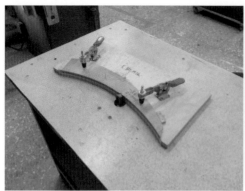

圖 3-15　大椅腳銑洗

圖 3-16　小椅腳銑洗

圖 3-17　水平鋸切輔具

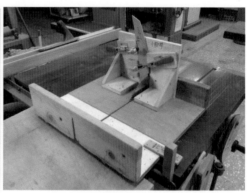

圖 3-18　垂直鋸切輔具

3-17）與（圖 3-18）垂直兩款使用；大椅腳卯孔便設計了符合角鑿機使用的鑿孔輔具（圖 3-19），如此大小椅腳便可接合成人字形共兩組。裝上有角度設定的輔具鑿製（圖 3-20）上橫桿，因物件有兩組所以須翻轉鑿製，另外兩支下橫桿，再製作一組專用的角度輔具（圖 3-21）鑿卯孔，此時須注意兩橫桿四端頭的角度與深度設定，以及鑽鑿的進刀須配合排屑速度，以免卡屑造成木材高溫炭化與鑽頭退鋼。

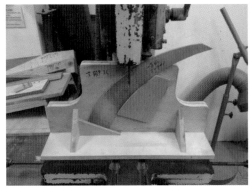

圖 3-19　鑿卯孔輔具

圖 3-20　鑿卯孔角度輔具

圖 3-21　下橫桿鑿孔輔具

　　本作品除橫桿出現直線形狀，其他都是曲線的感性線條，無法有直形的基準設定依板依靠，因此必須製作多種安全輔具或治具加上扣具使用，以達全程的安全操作。

三、圓系列-6（圖3-22）

圖 3-22　圓系列 -6，2018 年 4 月 18 日

　　本作品以手戒的爪座爲發想，以十字搭接榫[1]結合止方榫對接[2]爲主
要結構，搭配栓木、胡桃木爲主體材，由電腦繪圖完成最後尺寸（圖
3-23）定案。材料備料後先以手壓鉋與平鉋機刨平至所需的厚度是必須
的，另製作可裁切梯形椅腳的輔具（圖 3-24），以圓鋸機完成所訂的
尺寸，爪座連桿就由側邊圓鋸機臨時設定（圖 3-25）製作，這方式雖
然可使用，但是尙具危險性，若椅腳有意作成彎曲形式，可參考如圖
3-26 製作形板與輔具使用，增加操作安全性。因椅腳有設計角度，所
以也設計搭配角鑿機使用的角度輔具（圖 3-27），若有兩種角度時就
結合成一組雙重使用（圖 3-28），以推台輔具鋸出十字搭接榫，此時
大概的結構組件已完成，最後就是製作一款任意進退可以定圓心的圓形

1　楊明津、林東陽，《家具結構模型之設計與製作》，臺北市：六合出版社，1998
　　年，頁 121。

2　同前註頁 28。

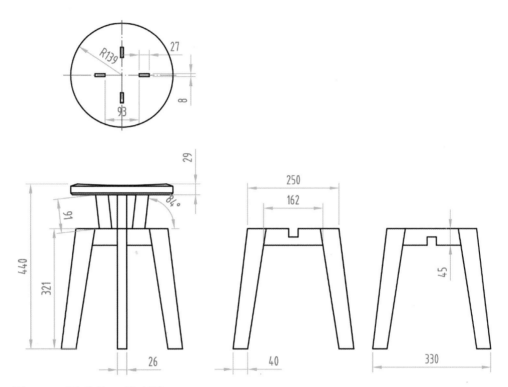

圖 3-23　圓系列 -6 尺寸圖

圖 3-24　可鋸切梯形腳的簡易輔具

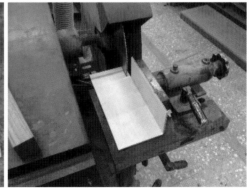

圖 3-25　鋸切爪座連桿的臨時設定

圖 3-26　可參考的形銑輔具與形板

圖 3-27　單一角度設計的角鑿輔具

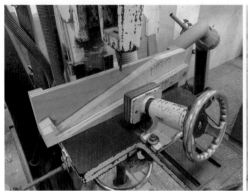

圖 3-28　雙角度設計的角鑿輔具

圖 3-29　研磨圓形物件輔具操作

椅面研磨輔具（圖 3-29），進行椅面成型，單斜角度輔具鑿出椅面各孔，便可試組合完成再細節修飾，拆開後再上膠膠合，當然要上漆保護以避免紫外線、油脂、收縮裂開等問題產生。

　　從有想法、依技能製作到實現，有一股愉悅的心境，木藝技術的有趣是可以隨心所欲地完成心中所要，不須開模製作，只要學習木藝手工技能與機器操作熟練度，最重要的就是要有安全觀念，時時加強操作安全的建立。

四、它系列-2（圖3-30）

圖 3-30　它系列 -2，2019 年 7 月 7 日

　　「牽牛花、牽牛花～結合多片三角形木材與材質色差，拼出牽牛花的花樣。」電腦繪圖軟體讓圖形精準、尺寸精確，方便拼出目前的構圖思考。本作品如此（圖 3-31）共預先以二十四片三角形拼出六個扇形，穿插入六片深色木材，形成立體空間質感（圖 3-32），再試著和椅腳結合（圖 3-33），觀察整體感覺。

　　依圖面顯示，椅腳的製作有多種角度鋸切設定才能完成，因此必須依賴圓鋸機輔助推台協助安全製作，因有正負角度，所以需分左右邊的設定（圖 3-34）。操作輔助推台雙手需同時使力進跟退，不可使力不均、不可手握鋸刀護蓋（圖 3-35），這是警示的設計點，避免操作時鋸刀出刀產生危險，若物件過小時也可以鎖上扣具使用（圖 3-36），提升穩定性。倒 V 形須先鋸各二分之一角度，再膠合切出三缺榫[3] 卯備

3　楊明津、林東陽，《家具結構模型之設計與製作》，臺北市：六合出版社，1998年，頁 24。

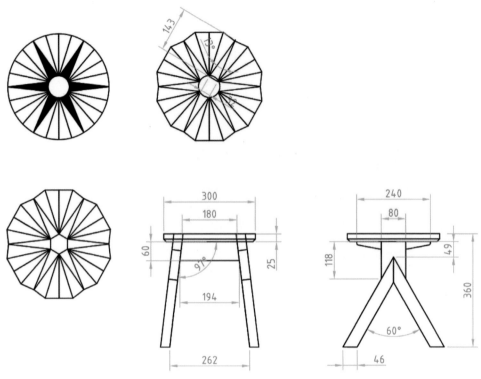

圖 3-31　它系列 -2 尺寸圖

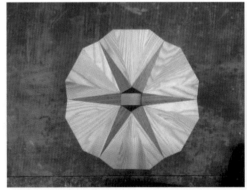

圖 3-32　椅面拼木雛型

圖 3-33　整體雛型

圖 3-34　正負角度分左右邊的設定

圖 3-35　不可手握紅框處避免出刀產生危
　　　　險

圖 3-36　鎖上扣具也是安全操作的方式

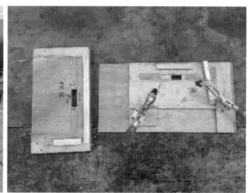

圖 3-37　輔助定位扣具

用，加上輔助定位扣具（圖 3-37）的使用，鑿出該有的榫頭與卯孔；
上橫桿卯孔輔具（圖 3-38）、類圓形椅面與椅腳角度輔具（圖 3-39）
協助支撐定位，使鑿孔不難，最後膠合組裝細部調整成型。

圖 3-38　圓形或方形物件定位輔具　　圖 3-39　鑿椅面角度與椅腳卯孔輔具

　　以上四件作品製作時的輔具，有些是構思後完整製作使用，有部分是暫時性地產出，都是爲方便解決當下問題。本研究即是起心動念，要著實讓可用的一時性安全輔具更加具體化、細緻化，再透過細節修正，讓使用習慣更方便。

第四章

輔具分類與應用

　　本章節木藝安全輔具係經相關木工職業工會資料蒐集、裝潢木工師傅操作方式、在學學生上課學習情況，以及筆者個人使用熟悉度，進而設計研究製作完成。目前從事木工行業人員多數都還不太習慣使用安全輔具操作，今依木工機器功能之鋸切、刨削、孔鑿、車製、研磨、鑽孔……透過設計研究將操作安全輔具，由理念、技法、形式內容，加以探究分類、分析、使用方法、注意事項、適用機器等，概分為第一節「創新輔具」十四件、第二節「復刻輔具」十五件、第三節「再生輔具」三十三件，共計六十二件並自行命名，以及第四節「套裝安全輔具」等十四件，詳加說明如下。

　　以下先針對設計研究的安全輔具所使用機器基本操作說明之（操作前請戴上口罩及護目鏡或頭罩）。

一、圓鋸機

（一）若機器已附反撥預防裝置安全護罩，須配合操作移除時，得由課程老師或管理人員同意，方可暫時移除使用，但操作完畢後須復原。

（二）為維持操作安全，須使用相關安全輔具，如：反撥防止爪、撐縫刀、手持助推板、助推桿、防回彈羽毛板、扣具……裁切前須調高鋸片於材料厚度約 3～5mm，操作任何調整前鋸片須在完全靜止的狀態下，鋸片緩停中切勿以任何方式讓鋸片強迫停止。

（三）絕對禁止徒手鋸切操作，會有意想不到的危險產生。木料鋸切時須視木料軟硬度、厚薄度，配合機器轉速進行操作，不宜過快或過慢。

（四）請側立於鋸檯進行操作，勿站立在鋸片正後方，若木料回彈容易擊中腹部。操作前請再確認助推台的滑順靈活度，請目視板材在鋸斷時助推台須拉回，手部禁止握住刀具保護蓋以免鋸片鋸出保護蓋產生危險。

（五）橫切木料時，須以食指與中指壓扣住木材於滑台（助推台）及靠板上，手指不得靠近鋸片路徑，清除廢材須等鋸片完全停止，以氣槍或毛刷整理而勿使用雙手，以免被木屑刺傷。

（六）裁切相同木料時，可於靠板上固定一片止木塊，鋸片後方須安裝撐縫片，直剖時可防材料回彈，若無撐縫片請改用正確安全輔具操作。

（七）直剖切長料時，應有人於出料端協助，進行中工作助手只能輕扶承接，不可出力協助鋸切，以免操作者無法對應操作而產生危險。

（八）若鋸切窄料，應使用安全助推板及推桿操作，直剖時木料須緊依靠板，並使用撐縫刀防止木材回夾鋸片，或以羽毛板預防木料回彈。

（九）斜邊鋸切時，操作前，須等鋸片全速運轉方可進行，若鋸切時發生不正常聲響，請立即關閉電源，報告課程老師或管理人員排除障礙。

（十）操作須全神專注於物件上，切勿戴耳機聽音樂或聊天，以免分神。鋸切完畢，關閉電源後站於機側待鋸片完全停止，將鋸片降至最低，並清理廢材讓機器呈現正常操作狀態。

二、手壓鉋機

（一）刨削前，請檢查木材是否有木結及金屬或砂礫等硬物，更不可刨削舊料（例如：有上漆的舊料），因可能內藏金屬或砂礫而損傷刀具。

（二）請使用正確的操作手勢，並檢查機器各部位是否已鎖緊。

（三）安全罩須打開到大於材料寬度 1cm，更不可任意拆除。

（四）材料若翹曲，須以多個落點放置進料檯面上，方可進行刨削，須以⌒（拱形）進料，不要以⌣（翹形）進料，因為材料容易晃動

產生危險。

（五）刨短材 30cm 以下易發生危險，勿進行操作，也不得刨削小於 1cm 薄板，刨短材時應使用助推桿或助推板，每次最多只能刨削厚度 1mm。

（六）基於安全操作，應站立於機器之左方，避免材料反彈導致受傷。

（七）切勿刨削短料（低於 300mm），易發生跳動且不平整，應避免之。

（八）請順木紋理方向刨削為宜，避免逆木紋理刨出毛面。

（九）手部不要太靠近正在旋轉之鉋刀軸，避免推料時手部滑出而受傷。

（十）操作完畢請將有調整的部位恢復並打掃乾淨。

三、角鑿機

（一）操作前先檢查鑽刀是否鋒利，並將木材以鎖固夾座固定於工作檯上。

（二）手指勿靠近旋轉中之方鑿及鑽刀，鑽孔前再確認木材是否夾緊與欲鑿之深度。

（三）須配合鑽刀旋轉速度下壓，以免木屑排出不良產生高溫，或角鑿刀過熱退鋼失去硬度。

（四）先鑿卯孔的兩邊，再鑿中間之部分，孔與孔間須有重疊以利木屑排出。

（五）嚴禁裝置手工用之木螺鑽刀，因此類鑽刀的前端有螺紋狀頭，會強制讓鑽刀鑽深。

（六）欲鑿穿木材時，應於檯面上墊一片厚木板，避免鑽頭尖部鑽入工作面造成鑽刀損壞，須時常以氣壓空氣清除工作檯面上的木屑。

（七）操作完畢關閉電源後，亦不可於機器未完全停止時握持角鑿夾頭。

（八）鑽深孔時，應分次進出鑽刀讓木屑適當排出，並清除鑽孔中之木屑。

四、帶鋸機

（一）鋸切木材前，請檢查木材上是否有木結或金屬及砂礫等硬物。

（二）調整導桿，使導引裝置約高於材面上方 1cm 處，避免導引過高，造成鋸條晃動不穩產生鋸切誤差與斷裂。

（三）鋸切時應弓箭步站立操作，非操作者勿站立於鋸片右方，以免鋸片斷裂彈及人身。

（四）勿將未鋸切完成之木材回拉，因容易使鋸條脫離轉輪。

（五）鋸切圓柱形木材須以 V 形輔具支撐，避免鋸切時跳起轉動，形成危險。

（六）鋸切木材時須緊靠導板微壓工作面進行操作，禁止懸空鋸切。

（七）勿以寬鋸條鋸切小半徑之曲線，鋸切小半徑前須先切出若干輔助鋸割線，協助轉彎。

（八）操作時手指或手臂勿對準鋸條碰觸，易發生危險。

（九）鋸切長木料時須有支撐架或有助手幫忙，僅由操鋸人推動木材，助手只做支撐動作，否則操鋸人容易發生危險。

（十）鋸條在動作中，勿以手撿取木材，應以木條輔助撥開。

五、鑽床

（一）鑽孔操作前，木材夾座穩固鎖定，小物件請以夾具夾緊，避免鑽孔時木料旋轉而發生危險。

（二）請戴護目鏡，勿戴手套，長髮盤起或戴帽（長髮需內收）。

（三）嚴禁使用手工用之木螺鑽刀，因此類鑽刀的前端有螺紋狀尖頭，會強制讓鑽刀鑽深。

（四）欲鑽穿木材時，應於鑽檯放置一片厚木板，以免鑽尖鑽到工作檯面造成鑽刀損壞。

（五）經常以壓縮氣槍噴除工作檯上的木屑。

（六）操作完畢關閉電源後，應讓鑽頭夾座自然停止，勿以手握持夾頭強制靜止。

（七）鑽深孔時，應多次進出鑽頭讓木屑適當排出，方便清除孔中木屑。

六、圓盤砂磨機

（一）研磨前，檢查木材是否有木結及金屬或砂礫等硬物，更不可研磨舊料（例如：有上漆的舊料），因可能會損傷砂紙。

（二）請戴護目鏡及使用正確的操作手勢，並檢查機器各部位是否已鎖緊。

（三）砂磨圓盤為逆時針旋轉，只能使用圓心之左半邊，圓心到圓周，研磨力由小漸增，須移動研磨才不會造成砂層堵塞，降低研磨力。

（四）嚴禁研磨直立緊貼砂紙之薄板，若真需要薄板，請利用平鉋機刨削或平板研磨機處理。

（五）須放置於工作檯面上緩緩推入，不可騰空研磨，易發生危險勿進行操作，應避免之。

（六）更換砂紙須清理鋼面至平整無殘膠，方能貼上新砂紙並把多餘之邊緣修整整齊。

（七）研磨細長材料的邊緣時（如木筷），請使用安全輔具，避免傷及手指。

七、震盪砂磨機

（一）研磨前，檢查木材是否有木結及金屬或砂礫等硬物，不可研磨舊料（例如：有上漆的舊料），因為可能會損傷砂紙，降低砂帶效率。

（二）請戴護目鏡及使用正確的操作手勢，右邊先進料再進左邊，更不能使用銳角材料進行研磨，以免戳破砂帶，造成如皮鞭般甩動而發生危險。

（三）檢查機器各部位是否已鎖緊，砂帶由左至右旋轉，研磨時須以反作用力輕壓研磨，且置放於工作平台上，並移動研磨才不會造成砂層堵塞，降低研磨力。

（四）嚴禁研磨緊貼砂紙之薄板，若真需要薄板，請利用平鉋機刨削或平板研磨機處理。

（五）須放置於工作檯面上緩緩推入，不可騰空研磨，易發生危險，勿進行操作應避免之。

（六）更換砂帶時須清理內部粉塵，方能套上新砂帶，須試運轉至平順不磨擦機器內部。

（七）研磨細長材料的邊緣時（如木筷），請使用安全輔具或大鋼夾，避免傷及手指。

八、木工車床

（一）插入前後頂針可車削柱形物，使用夾座、夾盤可車削盤形或罐狀物件。

（二）車削前，請檢查木材是否有木節及金屬或砂礫等硬物，任何使用過的舊料（包括已上漆之木材）均不宜進行車削，因可能會損傷刀具。

（三）須配戴頭部防護面罩，不戴手套操作，車刀尾部請低於刀架高度，若高於刀架手肘須提高，容易痠痛。

（四）架刀架距離木料外緣 3mm 左右，且須低於工作物橫向中心線以下，大於 8cm 以上之方料須先用帶鋸機以 V 槽輔具鋸切成八角形柱狀方能車削，以防危險。

（五）以手試轉，木料若無法平穩轉動，請重新調整，再以低速運轉，若穩當方可進刀車削。

（六）先以半圓弧刀進行粗車至木料成全圓為止，之後再以高速車削塑形。

（七）選用正確的車床機器，配合轉速及刀形進行車削，車削內凹弧，宜用圓口車刀或半圓車刀，車削方槽宜用分隔車刀或平口車刀，車削 V 形槽和凸弧，宜用菱形車刀或斜口刀，車削平直線則用平口車刀和斜口車刀。

（八）車床工作法有兩種：圓軸車削法，應用兩頂心固定木料車削，適合車製長柱形。圓盤車削法，應用鐵製面盤或夾座固定木料，適合車製木碗或木盤等。

九、修邊機

（一）更換或調整刀具時，應將電源插頭拔出以免誤觸啟動而產生危險。

（二）請戴安全護目鏡再以單手握機另一手輔助操作使用。

（三）銑洗非直線形物件時請選擇有軸承之刀具，若刀具無軸承，可使用靠（依）板或形板輔助。

（四）先將機器基座穩貼木料，再慢慢推入刀具形銑，須避免機器晃動，由刀具旋轉相反方向推送木材進入切削範圍。

（五）欲銑 R 邊、45 度邊、花邊……請先以圓鋸機或直銑刀，處理成直角平邊。T 形刀或平羽刀，應水平進刀，出刀也需水平出刀，不可向上提刀，避免造成刀具損壞及危險。

（六）若銑的深度較深，請分次銑深，以免銑削力過大發生危險。

（七）欲複製多量製品時，請製作精密且夠厚、夠硬，及夾具可夾的形
　　　板。

十、手提線鋸機

（一）直線鋸切

1. 先劃出鋸切線，並以夾具固定一片直形導板穩定前進操作。
2. 待馬達運轉穩定後再進行鋸切，以單手握持機器，另一手固定工作物
　 件，進行適當力道緩慢鋸切。
3. 可徒手操作鋸切，若是精細鋸切時，可加裝導（依）板，若機器無導
　 板配置，可自行加一片平直且寬的木板作為導板，但須安全固定。

（二）曲線鋸切

1. 先劃出鋸切線，並以夾具固定一片直形導板穩定前進操作。
2. 待馬達運轉穩定後再進行鋸切，以單手握持機器，另一手固定工作物
　 件，進行適當力道緩慢鋸切。
3. 鋸切曲線轉彎時，應以慢速進行鋸切。
4. 若鋸切正圓，可調整導板或使用替代圓規輔具以此為圓半徑進行切割。
5. 內圓鋸切時，應先鑽出孔洞（起始洞）再進行內圓鋸切。

十一、手提電鑽

（一）開啟鎖緊式夾頭三爪大於鑽頭直徑，將鑽頭插至底部，鎖緊夾
　　　頭，固定好鑽頭，須時常保持鑽頭的鋒利度。
（二）在鑽孔位置處畫十字或中心衝標記欲鑽孔之中心位置。
（三）薄木材鑽孔時，下層應墊厚木板，鑽較大孔前先用小鑽頭引孔。
（四）以手握緊電鑽把手，另一手輔助機身，對準標記中心，確定鑽頭
　　　與工作物面垂直，啟動開關導引鑽取工作物，此時須控制鑽速，
　　　多次進出方便排屑。

第一節
創新輔具
一

筆者在創作或教學時爲進行安全操作，於創新定義下開發的新形式安全輔具，依設計圖尺寸製作，除實用外兼具美感線條形式，共計十四件如下：

一、手壓鉋寬型助推板（圖4-1）尺寸圖（圖4-2）

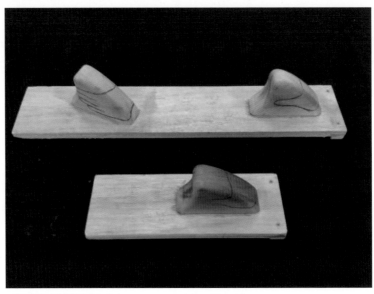

圖 4-1　寬型助推板長短式各一，2017 年 3 月 2 日

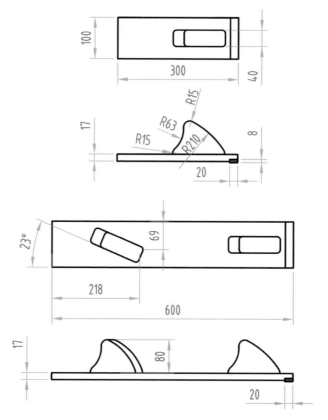

圖 4-2　寬型助推板尺寸圖

（一）理念

　　修正手壓鉋的使用模式達到安全，鯊魚鰭造形的舒服握把，讓操作無壓力。

（二）技法

　　選擇適當厚度的夾板，透過圓鋸機裁切長寬尺寸，後端預切一短邊直角缺口，膠合一片超出厚度 8mm 實木條，另取所需厚度的實木，依鯊魚鰭尺寸圖繪製於實木上以線鋸機鋸形，由圓盤砂磨機與震盪砂帶機磨出外型，使用手提修邊機銑出 R 角修飾，以粗中細砂紙研磨，最後與夾板膠合並鎖上螺絲補強完成。

（三）形式內容

1.材質

平板部分使用六分厚度夾板，握把與勾木條採用中硬度以上的實木處理，方能 R 角修飾成圓潤手感。

2.操作模式

具備勾與下壓雙重作用，勾動材料前進，下壓材料可避免翹起回彈，可用於較寬較厚板材，有長、短兩種，長式需雙手操作。

透過鯊魚鰭 45 度角推力的紅線顯示受力分散的落點（圖 4-3），前端下壓力、後端勾動力，修正ㄇ形助推板容易脫鉤的現象。校正靠板與工作面呈 90 度夾角並打開護蓋大於木料寬度 1cm（圖 4-4）（圖 4-5），使用短式時左手放置於助推板前方（圖 4-6），此時須注意手部不要太接近木料前端；使用長式助推板時雙手握住鯊魚鰭即可安全操作（圖 4-7）。

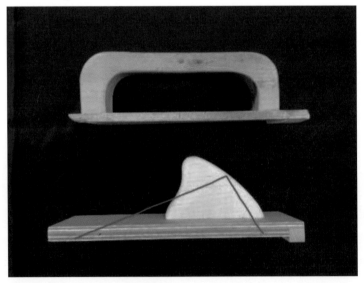

圖 4-3　紅色指線代表推力分散落點

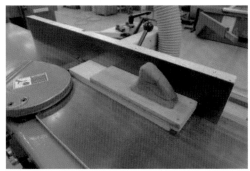

圖 4-4　短式助推板

圖 4-5　長式助推板

圖 4-6　操作短式手勢

圖 4-7　操作長式手勢

3. 適用：裁板機、圓鋸機、手壓鉋機

二、推台止木微調具（圖**4-8**）尺寸圖（圖**4-9**）

（專利證書：新型第 M616819 號）

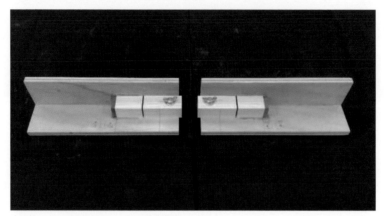

圖 4-8　推台止木微調具，2017 年 3 月 6 日

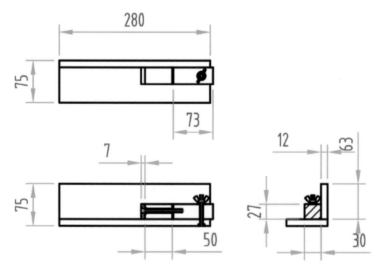

圖 4-9　推台止木微調具尺寸圖

（一）理念

　　解決止木定位多次調整位置的問題，雖有左右邊的形式設計，也可以一式左右共用，內藏微調螺絲可鎖定，方便攜帶與收納。

（二）技法

　　依設計圖使用圓鋸機裁切 12mm 厚度夾板，長邊膠合成 L 形待用，備 30x30x126mm 實木切成 50mm 與 73mm 各一，50mm 材鑽穿透孔放入長螺絲，螺頭膠合一片 7mm 有中孔實木再膠合於 L 形夾板，73mm 材於側邊銑一長形穿透橢圓孔並與 50mm 材組合，置入螺絲鎖上蝶帽螺絲可移動式微調。

（三）形式內容

1. 材質

L 形基座使用四分厚度夾板，微調則採用中硬度以上的實木材料，可依喜好的木材色配色，長螺絲兩支外加一組蝶帽螺絲。

2. 操作模式

此微調具內藏螺絲，利用 F 夾固定止木微調輔具，提供微小尺寸調整，可減少拆裝次數，增加鋸切尺寸精準，左右可共用。

本微調具須搭配輔助推台使用並以小夾具固定（圖 4-10）（圖 4-11），先調整鋸片高於木料厚度 2～3mm（圖 4-12），量測所需的距離（圖 4-13）與鎖緊蝶帽螺絲試切，若未鋸到定位則放鬆螺帽，再以螺絲起子調整移動止木並鎖緊螺帽（圖 4-14），即可安全操作或大量鋸切。

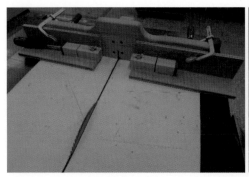

圖 4-10　以小夾具固定

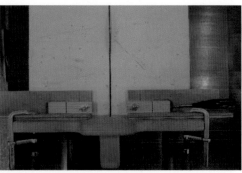

圖 4-11　俯視小夾具固定

圖 4-12　鋸片須高於木料厚度 2～3mm

圖 4-13　量測所需的距離

圖 4-14　以螺絲起子調整移動止木並鎖緊
　　　　　螺帽

3. 適用：圓鋸助推台

三、鑽床任意角鑽座（圖4-15）尺寸圖（圖4-16）

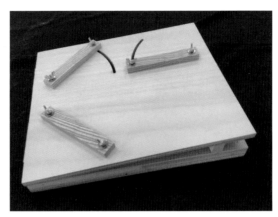

圖 4-15　鑽床任意角鑽座，2017 年 3 月 10 日

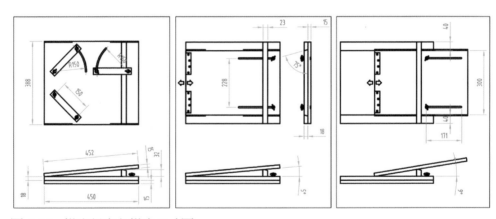

圖 4-16　鑽床任意角鑽座尺寸圖

（一）理念

　　減少製作各種單一度數的輔具，移動滑座能夠自由設定所需的角度，適用單斜角與複斜角使用，與 V 形槽輔具搭配處理圓柱形物件。

（二）技法

　　依設計圖操作圓鋸機裁切五分與六分厚度夾板，兩條 4cm 寬六分板圍出移動滑座內徑，移動滑座以倒裝修邊機銑出兩條平行長溝槽，插入螺絲鎖上蝶帽，上座板銑出兩弧線溝槽，鎖上定位止木條（如尺寸圖），再以蝴蝶鉸鏈連結成組，最後結合頂高木條，即是一組便利的任意角鑽座，單斜角與複斜角可用。

（三）形式內容

1. 材質

本鑽座使用五分與六分夾板結合八組附蝶帽的 6mm 直徑螺絲，以及一副蝴蝶鉸鏈加上數支實木條。

2. 操作模式

移動座面可改變鑽孔角度，可鑽角材、柱形材、板面材等，可鑽單斜孔或複斜孔，可重複使用，不需製作過多的角度輔具，減少輔具耗材。

使用本鑽座需以夾具固定於工作平台上並將底部的止木條調整成 V 形支撐，即可鑽取複斜角度孔（圖 4-17），若平行或垂直於底部即

 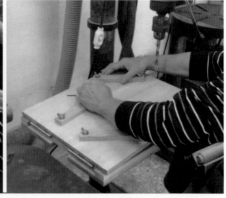

圖 4-17　鑽取複斜孔　　　　　　　　圖 4-18　調整後可鑽單斜孔

是單斜孔（圖 4-18），放置 V 槽可鑽圓柱形物件（圖 4-19）（圖 4-20），請先調整鑽頭尖點對準 V 槽最低處與設定所需的深度。背系列 -2（圖 4-21）即是典型應用。

圖 4-19　放置 V 槽可鑽圓柱形物件　　　圖 4-20　鑽頭尖點對準 V 槽最低處

圖 4-21　背系列 -2

3. 適用：鑽孔機

四、圓形邊切座（圖4-22）尺寸圖（圖4-23）

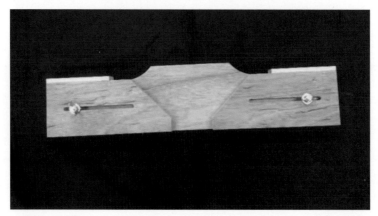

圖 4-22　圓形邊切座，2017 年 3 月 18 日

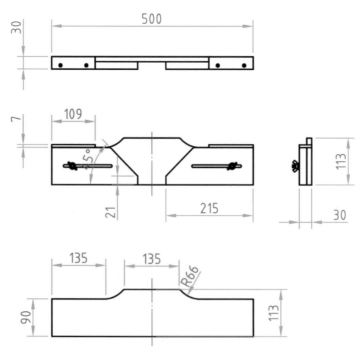

圖 4-23　圓形邊切座尺寸圖

（一）理念

　　處理圓物件時要避免操作滾動產生危險，便利鋸切木齒輪的安全輔具，須搭配輔助推台使用。

（二）技法

　　由圓鋸機裁切主要的基座與五角形支撐座板，震盪砂帶機研磨手握處的弧線，使用倒裝修邊機於支撐板銑出一條穿透長溝槽共兩片，並膠合移動用的定位木條，鎖上附蝶帽的螺絲組。

（三）形式內容

1. 材質

以四分厚夾板製作基座，六分厚夾板鋸切成支撐架板兩片並膠合定位木條，兩組蝶帽直徑 6mm 的螺絲。

2. 操作模式

須與圓鋸助推台套裝使用，左右各一片可移動 45 度板，符合不同直徑板圓，設定鋸片高度，可切齒輪或圓缺口。

先調整到適當的直徑再以小型夾具固定於輔助推台上（圖 4-24）使用，便利於製作木齒輪鋸切（圖 4-25），方便圓圈形物件支撐與依靠裁切（圖 4-26）的安全操作。

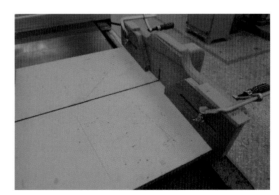

圖 4-24　小型夾具固定於輔助推台

圖 4-25　便利於製作木齒輪　　　　圖 4-26　方便圓圈形物件支撐與依靠

3.適用：圓鋸助推台

五、推台任意角靠具（圖4-27）尺寸圖（圖4-28）

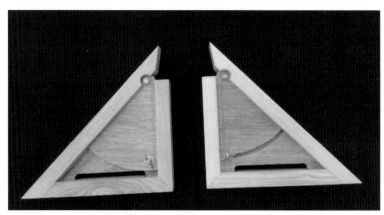

圖 4-27　推台任意角靠具，2017 年 4 月 15 日

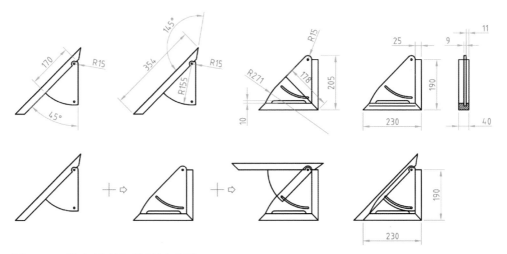

圖 4-28　推台任意角靠具尺寸圖

（一）理念

　　解決木料裁切 45 度至 90 度簡便性操作的安全輔具，可扇形展開與閉合，設定所需角度後並鎖緊方能使用，一種樣式設計而左右邊都可以運用。

（二）技法

　　實木 90 度角以三缺榫雙邊斜接[1]製作，結合依設計圖鋸切與修邊機銑出的三分夾板鑲入實木角材，鎖上串聯螺絲與蝶帽螺絲，即是一款可裁切任意角的安全輔具。

（三）形式內容

1. 材質

　實木與夾板的結合運用，加上一組附蝶帽的螺絲與板材用的串聯螺絲組。

1　楊明津、林東陽，《家具結構模型之設計與製作》，臺北市：六合出版社，1998年，頁 34。

2. 操作模式

須與圓鋸助推台套裝使用，形似等腰三角形，以開合方式設定 0～45
度鋸切，左右可共用或左右各一組使用，以 F 夾固定於助推台，放
鬆角度固定螺絲，量測所需角度，鎖緊螺絲，即可進行裁切。

先以小 F 夾鎖上本輔具於輔助推台靠板（圖 4-29）上，比對鋸片刀
刃高於材料厚度 2～3mm（圖 4-30），調整好所需角度並鎖緊螺帽
（圖 4-31）即可進行安全鋸切。

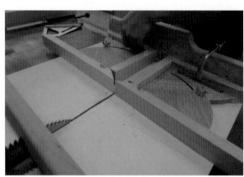

圖 4-29　小 F 夾鎖固定於推台靠板　　圖 4-30　刀刃高於材料厚度 2～3mm

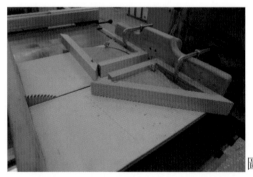

圖 4-31　調整好所需角度並鎖緊螺帽

3. 適用：圓鋸助推台

六、角鑿任意角鑽座（圖4-32）尺寸圖（圖4-33）

（專利證書：新型第 M616820 號）

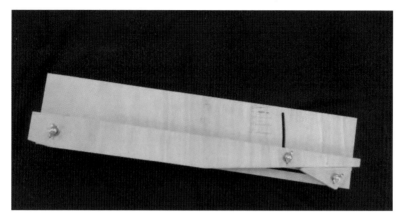

圖 4-32　角鑿任意角鑽座，2017 年 11 月 19 日

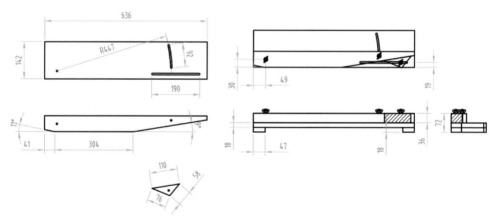

圖 4-33　角鑿任意角鑽座尺寸圖

（一）理念

　　多個單斜角度的輔具整合，可任意角度設定，不需重複製作，除節省工時與製作的材料外，還多出置物空間。

（二）技法

以六分夾板依設計圖裁切製作，後部左右邊鎖上垂直定位止木，修邊機銑出弧形穿透與一條穿透直溝槽，兩片六分夾板膠合後鋸出置物底座與三角形撐高座，依孔位鎖上蝴蝶螺帽螺絲，即是便利使用的安全輔具。

（三）形式內容

1. 材質

本輔具使用六分厚夾板結合蝴蝶螺帽螺絲三組完成。

2. 操作模式

巧妙地運用移動與支撐方式，可多次設定角度，可重複使用，不需製作過多的角度輔具，減少輔具耗材，鑿取單斜卯孔。

每次使用角鑿機鑿單斜孔（圖4-34），不同角度時就製作一組，很不方便。本輔具置入定位點（圖4-35）並鎖上螺絲，調整前後卯孔位置（圖4-36），移動三角支撐座與置物底座（圖4-37）並鎖緊螺

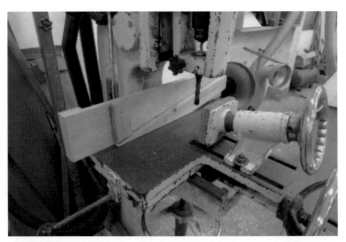

圖4-34　單斜輔具

絲（圖4-38），設定卯孔深度，再以牢固夾座鎖定物料（圖4-39），即可鑿製卯孔（圖4-40）。作品方系列-3（圖4-41）即為單斜角鑿製鑽孔操作。

圖4-35　置入定位點

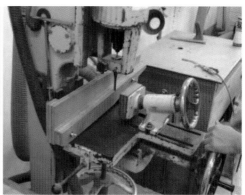

圖4-36　調整前後卯孔位置

圖4-37　移動三角支撐座與置物底座

圖4-38　鎖緊螺絲

圖4-39　牢固夾座鎖定物料

圖4-40　鑿製卯孔

圖 4-41　方系列 -3，2017 年 5 月 25 日

3. 適用：角鑿機

七、圓盤任意直徑弧開式磨具（圖4-42）尺寸圖（圖4-43）

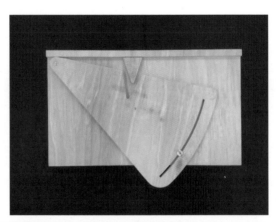

圖 4-42　圓盤任意直徑弧開式磨具，2020 年 2 月 7 日

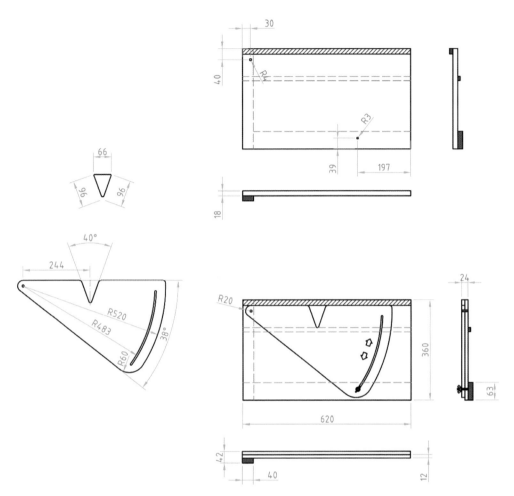

圖 4-43　圓盤任意直徑弧開式磨具尺寸圖

（一）理念

　　解決圓盤物件的直徑限定，便利的定圓心方式，快速研磨成圓。

（二）技法

　　鋸切六分夾板為底座鎖上定位木條，四分夾板為扇形並以修邊機銑
出弧線穿透溝槽，一長邊切一個凹三角形，相同形式三角形以鐵釘尖頭

當圓心，鎖上串聯螺絲與蝶帽螺絲各一組。

（三）形式內容

1. 材質

一實木條當定位入溝槽，六分與四分厚度夾板加上串聯螺絲與蝶帽螺絲各一組。

2. 操作模式

置入圓盤砂磨機平台導槽，可移動研磨，利用弧形開合設計，可研磨各式直徑圓形（盤形）板材。

三角圓心板釘入材料圓心（圖 4-44）再置放三角槽內（圖 4-45），移動扇形板，找出所需的半徑鎖緊螺帽（圖 4-46），依圓盤砂磨的旋轉方向反向操作研磨，記得要打開集塵設備及戴口罩，避免吸入大量粉塵影響健康。凳系列 -5 即是此輔具運用的作品（圖 4-47）。

圖 4-44　圓心板釘入材料圓心　　　圖 4-45　置放三角槽內

圖 4-46　移動扇形板並鎖緊　　　　圖 4-47　凳系列 -5，2017 年 5 月 18 日

3. 適用：圓盤砂磨機

八、磨細長材夾具（圖4-48）尺寸圖（圖4-49）

（專利證書：新型第 M616821 號）

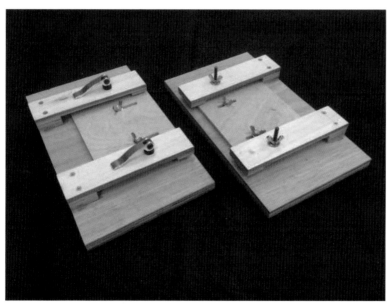

圖 4-48　磨細長材夾具，2020 年 2 月 9 日

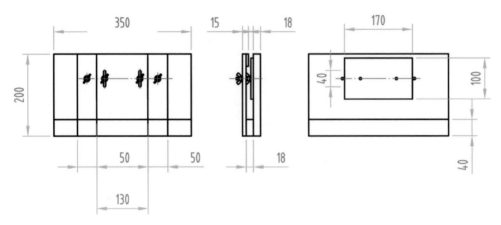

圖 4-49　磨細長材夾具尺寸圖

（一）理念

　　每次研磨細長料時，只能以雙手的食指與拇指夾著材料研磨，不小心可能就會磨到手指，因此便設計為可調整寬度與高度並鎖緊木料操作，增加安全。

（二）技法

　　本輔具以六分夾板為基座，底部膠合一長實木定位條，二分夾板銑出兩長溝槽為寬度設定板，三分板前端膠合二分板後端、膠合六分板，切成兩組並上膠鎖在基座上作為高度鎖定板，參考設計圖螺絲位置鎖上蝶帽螺絲，另一組夾具的蝶帽螺絲可更換成快鎖五金螺絲。

（三）形式內容

1. 材質

採用六分、三分與二分厚度夾板製作，蝶帽螺絲四組或蝶帽螺絲二組加上快鎖五金螺絲二組。

2. 操作模式

細長料使用，可調整厚薄及夾緊設計，導條置入震盪砂磨機平台導槽可進退移動研磨，手部不需太靠近砂帶，提升操作安全。

先調整好寬度設定板（圖4-50）（兩端頭可一大一小，如筷子）並鎖緊（圖4-51），再鎖緊高度設定板（圖4-52），雙手抓住高度設定板即可置入溝槽進行由右至左移動研磨（圖4-53），寬度以90度翻轉後再次研磨共四次，即可磨出如筷子般的細長料（圖4-54）。

圖4-50　調整寬度設定板

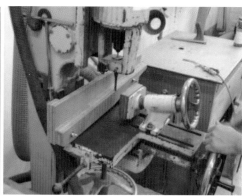

圖4-51　鎖緊寬度設定板

圖4-52　鎖緊高度設定板

圖4-53　由右至左移動研磨

圖 4-54　靜置比對

本輔具可與圓盤砂磨機通用，前段操作方式相通（圖 4-55），後段操作需注意砂磨盤的旋轉方向，若是逆時針轉向就使用左半邊研磨（圖 4-56），而順時針時只能操作右半邊，以免產生危險。

圖 4-55　放入細長料　　　　　　　圖 4-56　置入溝槽後研磨

3. 適用：震盪砂帶機、圓盤砂磨機

九、平推切榫靠座（圖4-57）尺寸圖（圖4-58）

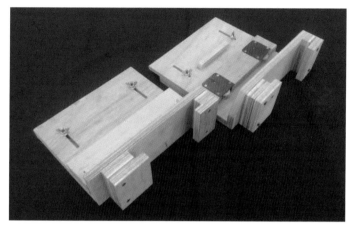

圖 4-57　平推切榫靠座，2020 年 6 月 22 日

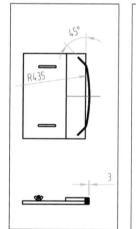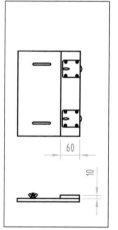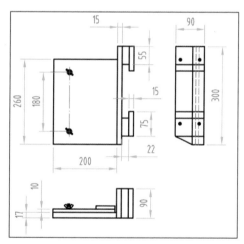

圖 4-58　平推切榫靠座尺寸圖

（一）理念

　　傳統圓鋸機側邊加裝鋸片，可推鋸切榫頭，方便調整側壓力道與降低鋸切短料的危險，可以多量相同寬度操作。

（二）技法

本輔具使用五分厚度夾板為基座，三分厚度夾板為推緊板，依設計圖鋸切所需的尺寸與孔槽再釘成 L 形，以鎖上替代用的滾輪五金或鑲入塑膠簧片替代手部的側壓力，製作可套入靠板的方材讓輔具鎖緊於靠板上，提升安全。

（三）形式內容

1. 材質

以五分及三分厚度夾板為主材，兩組蝶帽螺絲與數支 3cm 長的木螺絲，兩個替代用的滾輪五金或塑膠簧片一條。

2. 操作模式

圓鋸機側裝鋸片使用（特例），初學者適用，可調整符合材料厚度，加裝滾輪（或塑膠簧片）方便進退，適合量多時使用。

多量鋸切操作側圓鋸時會做一次性的臨時設定（圖 4-59），後來發想出可重複使用且安全的輔具（圖 4-60），操作前先放鬆鎖定螺絲再套入靠板（圖 4-61），調整金屬靠板到適當處（圖 4-62），再以螺絲起子鎖緊夾座（圖 4-63），此時便放鬆推緊板螺絲置入材料比對寬度（圖 4-64），並輕輕移動木料的進退度再鎖緊（圖 4-65），設定完成後便可安全操作。

圖 4-59　一次性的臨時設定　　　　圖 4-60　可重複使用的輔具

圖 4-61　放鬆鎖定螺絲再套入靠板

圖 4-62　調整金屬靠板到適當處

圖 4-63　螺絲起子鎖緊夾座

圖 4-64　置入材料比對寬度

圖 4-65　輕輕移動木料的進退度再鎖緊

3.適用：圓鋸機側鋸

十、異形修邊扣具（圖4-66）尺寸圖（圖4-67）

圖 4-66　異形修邊扣具，2020 年 7 月 31 日

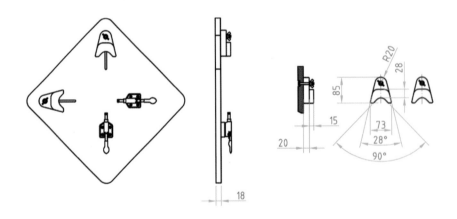

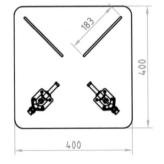

圖 4-67　異形修邊扣具尺寸圖

（一）理念

改善不規則平板小物件邊緣處理成圓角的難度及安全操作。

（二）技法

六分夾板依設計圖裁切成正方形，四個端角處理成四分之一弧，以修邊機銑出對角線穿透溝線，再各鎖上一個推緊式扣具，使用實木依設計圖鋸切後研磨出兩組凹形移動定位座，再鎖上蝶帽螺絲，即可安全形銑操作。

（三）形式內容

1. 材質

六分夾板為基座結合兩組推緊式扣具，加上實木製作的凹形定位座與蝶帽螺絲二組。

2. 操作模式

不規則或小物件的等厚度材料，可用此扣具進行安全形銑。

將本輔具以 F 夾鎖定在工作桌上（圖 4-68）並移動凹形定位座與推緊式扣具固定平板異形材，手提修邊機鎖上所需規格而附軸承的修邊R 刀，形銑外圍以逆時針方向進行（圖 4-69），內部則以順時針方向

圖 4-68　以 F 夾鎖定在工作桌上　　　圖 4-69　逆時針方向進行形銑

處理，此時需維持修邊機穩定移動，若晃動容易產生危險或邊緣不美觀。下圖爲製作成品：異形銑洗鯊魚鰭握把（圖 4-70）。

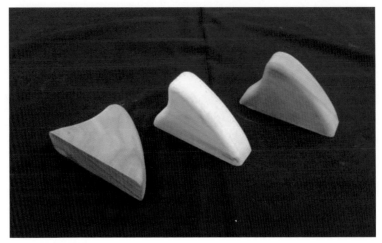

圖 4-70　鯊魚鰭造形握把

3. 適用：修邊機

十一、形銑複用扣具（圖4-71）尺寸圖（圖4-72）

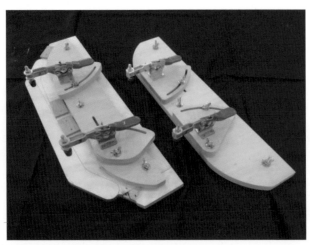

圖 4-71　形銑複用扣具，2020 年 8 月 8 日

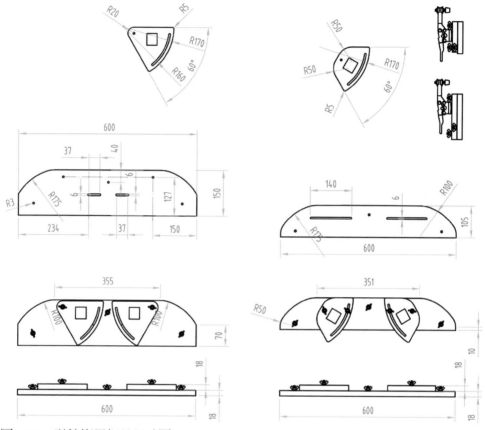

圖 4-72　形銑複用扣具尺寸圖

（一）理念

　　常常要以板材仿形就須製作一片形板，在適當位置鎖上扣具扣住板材再操作，扣具的拆拆裝裝耗時耗工，本輔具可快速鎖入形板與尋找到適當的扣住點，重點是可重複使用，符合各式形板。

（二）技法

　　以六分夾板為基座，依設計圖裁切，並以修邊機銑出直線穿透溝槽與鑽孔，再以六分夾板裁切再依圖尺寸研磨出扇形旋轉座兩片，鎖上蝶

帽螺絲與扣具，再把基座以三組蝶帽螺絲跟形板鎖緊，即可安全操作。

（三）形式內容

1. 材質

六分厚度夾板為主體與扇形座兩組（共兩種形式），各鎖上一組扣具，四組長蝶帽螺絲與三組短蝶帽螺絲。

2. 操作模式

避免仿形扣具重複拆裝而位置失真，此扣具組可橫縱移動及弧狀調整，方便替換。

木藝創作過程常有複製構件的需求，形板的準確度是重要的一環，依軸承位置調整形板置上或置下（圖4-73），扣具的扣點位置與緊度需平均分布（圖4-74）。本輔具一式兩款，方便固定於形板上進行操作，雙軸立軸機有雙馬達正逆轉各一，可依木紋正逆方向操作，通常以修邊機或雕刻機倒裝只有逆轉，等刀具轉速平穩後才可以手握扣具以形板依附軸承（圖4-75），由右至左配合轉速移動形銑（圖4-76），最後慢慢離開刀具（圖4-77）。它系列-1（圖4-78）的椅腳為本輔具銑洗教學作品。

 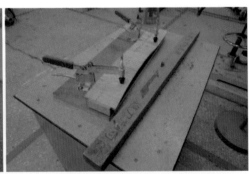

圖 4-73　軸承位置調整形板置上或置下　　圖 4-74　扣點位置與緊度需平均分布

圖 4-75　以形板依附軸承

圖 4-76　由右至左配合轉速移動

圖 4-77　慢慢離開刀具

圖 4-78　它系列 -1，2018 年 6 月 10 日

3. 適用：倒裝修邊機、雕刻機、立軸機

十二、圓長料支撐輪架（圖4-79）尺寸圖（圖4-80）

（專利證書：新型第 M616822 號）

圖 4-79　圓長料支撐輪架，2020 年 10 月 12 日

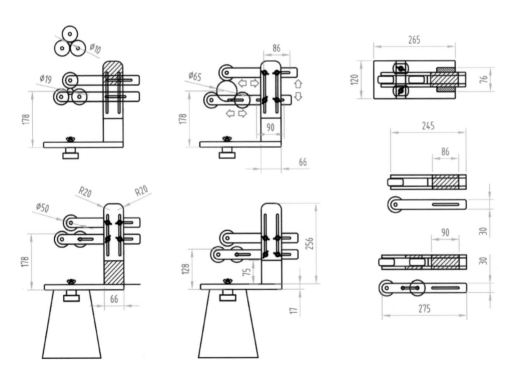

圖 4-80　圓長料支撐輪架尺寸圖

（一）理念

　　為了改善操作木工車床車製長圓形抖動的狀況，讓木料穩定旋轉，本輔具屬水平與垂直調整方式，達到安全操作，符合各式機種規格達到通用性需求。

（二）技法

　　全主體以四分夾板由圓鋸機依設計圖鋸切，使用修邊機倒裝銑出需要的溝槽，鎖上四組蝶帽螺絲組與三個塑膠輪，讓橫向支撐透過垂直柱體可以調整上與下、調整進與退，如此可因應物件的各種直徑，基座設計成快拆方式，讓安裝上機更俐落。

（三）形式內容

1. 材質

本輔具以六分夾板為基座，四分夾板為支撐輪架構，四組長蝶帽螺絲與兩組短蝶帽螺絲，外加三個塑膠轉輪。

2. 操作模式

快速固定於機座，不需先卸除物件，可上下及前後移動固定 10～65mm 直徑長料，避免車製圓長料晃動。

將基座底部可旋轉的鎖定板（圖 4-81）套入車床軌槽內（圖 4-82）（圖 4-83）並鎖緊蝶帽，下橫槓依圓柱直徑調整適當的輪距（圖 4-84），與上橫槓移至圓柱正上方後並鎖緊蝶帽螺絲，粗徑車製（圖 4-85）可直接從後方放置，不需拆除物料。

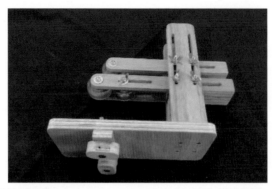

圖 4-81　可旋轉的鎖定板

圖 4-82　套入車床軌槽

圖 4-83　套入車床軌槽側視圖

圖 4-84　調整適當的輪距

圖 4-85　粗徑車製示範

3. 適用：木工車床

十三、圓長料支撐輪架圖（**4-86**）尺寸圖（**4-87**）

（專利證書：新型第 M616822 號）

圖 4-86　圓長料支撐輪架，2020 年 10 月 18 日

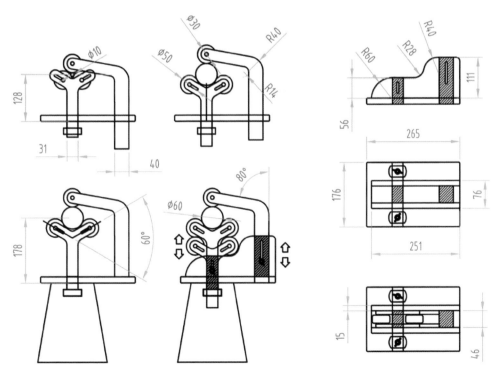

圖 4-87　圓長料支撐輪架尺寸圖

（一）理念

為了改善操作木工車床車製長圓形抖動的狀況，讓木料穩定旋轉，本輔具屬上下與 V 形調整方式，達到安全操作，符合各式機種規格達到通用性需求。

（二）技法

全主體以四分夾板由圓鋸機依設計圖鋸切，使用線鋸機鋸切出雛型，再以修邊機銑出正確的外型，Y 形座銑出 V 溝槽鎖上兩個塑膠輪，L 形座鎖上一個塑膠輪，底座膠合留好孔槽讓 Y、V 兩座插入，各鎖一組蝶帽螺絲。L 形柱體可以調整上與下，Y 形座除上與下之外，可以調整 V 形式配合直徑大小，基座設計成快拆方式，讓安裝上機更俐落。

（三）形式內容

1. 材質

本輔具以六分夾板為基座，四分夾板為支撐輪架構，兩組長蝶帽螺絲與兩組短蝶帽螺絲，外加三個塑膠轉輪。

2. 操作模式

快速固定於機座，不須先卸除物件，下座可上下以 V 形調整，上座採上下移動固定 10～60mm 直徑長料，避免車製圓長料晃動。

將基座底部可旋轉的鎖定板（圖 4-88）套入車床軌槽內（圖 4-89）（圖 4-90）並鎖緊蝶帽，V 形座先上下調整後依圓柱直徑調整適當的輪距（圖 4-91），L 形座上下調到圓柱正上方後並鎖緊蝶帽螺絲，即可安全操作並預防長料抖動，粗徑車製（圖 4-92）可直接從後方放置，不需拆除物件。

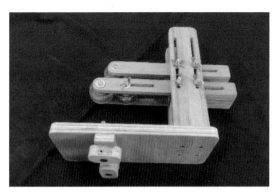

圖 4-88 可旋轉的鎖定板

圖 4-89 套入車床軌槽

圖 4-90 套入車床軌槽側視圖

圖 4-91 調整適當的輪距

圖 4-92 粗徑車製示範

3.適用：木工車床

十四、翻轉式銑台（圖4-93）（圖4-94）尺寸圖（圖4-95）

圖 4-93　翻轉式銑台

2020 年 11 月 17 日

圖 4-94　銑台翻轉後

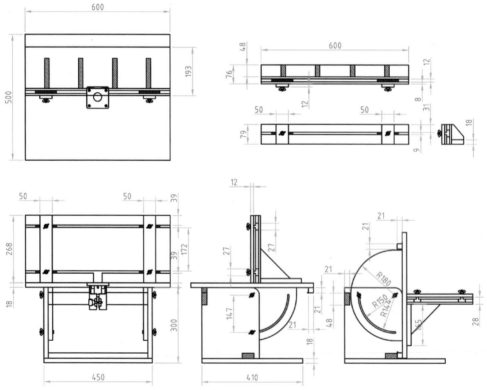

圖 4-95　翻轉式銑台尺寸圖

（一）理念

創制修邊機的使用方式，讓工作檯可多功能操作且一機數用，增加操作安全。

（二）技法

可分成主箱體和翻轉座與靠板等三個部分，主箱體使用六分厚度木心板，依設計圖尺寸鋸切並組合成口字形，底板後部需延伸，可預防翻轉時箱體向後傾倒，使用修邊形銑圓套座以六分夾板銑洗兩片二分之一圓板及四分之一弧形溝槽，結合裝入修邊機套筒面貼白色美耐板的工作檯面而成為一組翻轉座，再以數片四分厚夾板疊成面貼白色美耐板的滑動槽靠板與六分厚夾板鎖成 L 形，需以等腰三角形夾板固定成 90 度，各孔鎖入蝶帽螺絲與箱扣，即是安全操作的翻轉式銑台。

（三）形式內容

1. 材質

本輔具使用六分與四分厚度夾板為靠板組，面貼美耐板以兩組蝶帽螺絲與六分厚夾板裝入修邊機套，筒面貼美耐板的工作面組合，六分厚木心板組合成工作箱體，由四組蝶帽螺絲與翻轉座結合，翻轉座與箱體可利用箱扣五金鎖扣，避免使用時晃動不穩定而產生危險。

2. 操作模式

修邊機倒裝，利用工作面反轉可進行水平式銑形或銑孔，升降調整工作面高度進行設定。

整合修邊機倒裝垂直（圖 4-96）與水平（圖 4-97）操作的功能，使用的工作面積相當，若單一使用倒裝也可以換上低靠板操作（圖 4-98），側銑操作時先放鬆蝶帽螺絲即可翻轉檯面（圖 4-99），轉到定位再鎖緊，高低二組靠板都附有可拆式的止木檔塊，依操作設定

圖 4-96　修邊機倒裝銑台

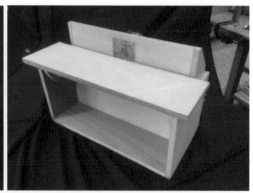

圖 4-97　修邊機任意角銑台

圖 4-98　換裝低靠板

圖 4-99　翻轉方式

　　需做調整時暫時拆卸，刀具水平使用時可安全製作榫頭與卯孔（圖
4-100），刀具垂直使用時便利銑出凹形或花邊（圖 4-101）與各式仿
形（圖 4-102），修邊機換裝各式刀形可由手持或倒裝，展現出不同
的操作模式。第一要求就是需在安全的使用之下，才能發揮所要的功
用。

圖 4-100　水平操作與榫頭卯孔　　　圖 4-101　垂直操作與凹形或花邊

圖 4-102　仿形操作

3. 適用：修邊機

第二節
復刻輔具
—

曾任職家具工廠的筆者，當時見過師傅們為了完成產品製作，總是見招拆招，解決生產時的操作安全問題，輔具便是。本節以筆著曾使用、見過、搜尋過或與同好分享的，加以重現及優化，共計十五件如下。

一、單複斜鑽孔套板（圖4-103）尺寸圖（圖4-104）

圖 4-103　單複斜鑽孔套板，2017 年 3 月 5 日

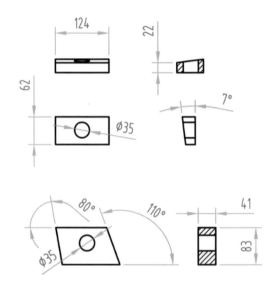

圖 4-104　單複斜鑽孔套板尺寸圖

（一）理念

　　為了解決裁切小板材 45 度以內的角度，與大物件鑽孔單斜及複斜角度等問題。

（二）技法

　　圖 4-103 左件，45 度以內的角度可取所需厚度的實木，先以厚度鑽出一圓孔方便夾具鎖緊固定，側邊鋸切出設定的角度，即可使用。

　　圖 4-103 右件，鑽孔單斜及複斜角度可取所需厚度的實木，先正面鑽出一圓孔，並於厚度裁切所設定的角度，端面呈梯形面積，此輔具的長邊與板邊緣切齊可鑽單斜孔，與板邊緣呈 45 度可鑽複斜角。

（三）形式內容

1. 材質

中硬度以上的實木皆可製作。

2. 操作模式

一款須搭配手提電鑽使用，可鑽垂直、單斜、複斜榫孔；另一款須搭配 F 夾及圓鋸助推台使用，可依各種角度需求製作。

欲切 45 度以內的角度，先把輔具夾於輔助推台上（圖 4-105），再以夾具固定板材於輔具上即可鋸切所需角度（圖 4-106），另一輔具的長邊與板邊緣切齊可鑽單斜孔，與板邊緣呈 45 度角並以夾具鎖定（圖 4-107）可鑽複斜角，因為物件較大無法以鑽床鑽孔，於是以手持電鑽鎖上取空刀對準孔洞鑽取（圖 4-108），並以輔具比對角度是否正確（圖 4-109）。

圖 4-105　夾於輔助推台上

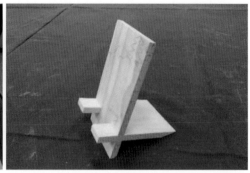

圖 4-106　示範的手機架

圖 4-107　呈 45 度角並以夾具鎖定

圖 4-108　手持電鑽對準孔洞鑽取

圖 4-109　以輔具比對角度

3. 適用：圓鋸機、手提電鑽

二、立鑽孔活頁式夾座（圖4-110）尺寸圖（圖4-111）

圖 4-110　立鑽孔活頁式夾座，2017 年 3 月 5 日

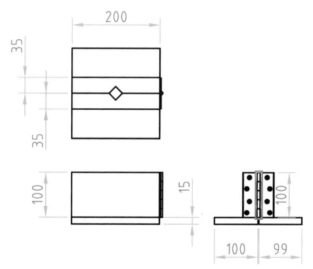

圖 4-111　立鑽孔活頁式夾座尺寸圖

（一）理念

　　初念為簡便地處理車製木筆桿鑽穿透孔疑難的便利夾座。

（二）技法

　　使用中硬度以上的實木材依照設計圖面裁切二塊，再以圓鋸機鋸片調整至 45 度並於中線各切出 V 形槽，取一片蝴蝶鉸鏈鎖上螺絲連結成組，可以開合，底部各膠合一厚實木板增加使用上的穩定性。

（三）形式內容

1. 材質

　　中硬度以上的實木塊與實木板，及一片 10cm 的蝴蝶鉸鏈加上螺絲八支。

2. 操作模式

　　開合型夾式輔具，方便管狀或長方料鑽深孔，需以 F 夾固定，可用於車製木筆鑽孔。

　　鑽頭安裝鑽床夾頭，輔具置放在鑽床工作平台上以夾具固定（圖 4-112），插入木筆角材，量測鑽頭可穿透的深度，以夾具鎖緊角材，緩慢下壓多次鑽深（圖 4-113）讓木屑方便排出以免鑽頭卡死。待穿透後插入銅管兩端頭以整平鑽刀銑平，即可上車床車製木筆外部造形，套入相關零件組裝就是一組具特色的好筆（圖 4-114）。

圖 4-112　以夾具固定

圖 4-113　緩慢下壓多次鑽深

圖 4-114　一組具特色的好筆

3.適用：鑽孔機

三、防回彈羽毛板（圖4-115）尺寸圖（圖4-116）

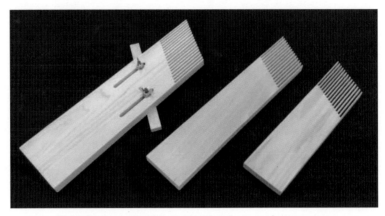

圖 4-115　防回彈羽毛板，2017 年 3 月 6 日

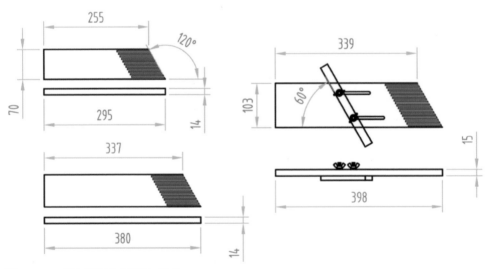

圖 4-116　防回彈羽毛板尺寸圖

（一）理念

依勞動部《機械設備器具安全標準》第四章第 60 條與 61 條之規定[2]：標準鋸台須裝置反撥防止爪及撐縫片，預防操作時木料回彈。

本防回彈羽毛板可應用於無上述裝置之圓鋸機與非圓鋸機的木工機器操作過程的材料反彈，復刻現有形式於適當時機使用。

（二）技法

使用中硬度以上的實木材質，依尺寸圖備料並以圓鋸機或線鋸機鋸出各溝槽，亦可以修邊機銑出兩條穿透溝加上一木條鎖上蝶帽螺絲安裝於圓鋸機使用。

（三）形式內容

1. 材質

中硬度以上的實木，如：山毛櫸、栓木、橡木、楓木……蝶帽螺絲二組。

2. 操作模式

類似禽類羽毛樣貌，安裝於裁切木料的靠板另一邊，利用角度放置產生只能推進，無法回拉，避免回彈造成危險。

放鬆蝶帽螺絲將木條置入圓鋸機溝槽內（圖 4-117），木料靠緊靠板，再移動羽毛板稍加些微壓力於木料並鎖緊蝶帽螺絲（圖 4-118），靠板加高亦可垂直鎖上羽毛板增加木料的進刀穩定性（圖 4-119），操作時可以結合手握助推板勾動木料前進，因為設定了防回彈羽毛板（圖 4-120）排除反彈因素，所以安全性增加許多。

2　勞動部職業安全衛生署─機械設備器具安全資訊網，《機械設備器具安全標準》，〈https://tsmark.osha.gov.tw/sha/public/listFileDownload.action?codeVerify=9598〉，檢索日期：2023 年 7 月 24 日。

圖 4-117　置入圓鋸機溝槽

圖 4-118　鎖緊蝶帽螺絲

圖 4-119　垂直鎖上羽毛板

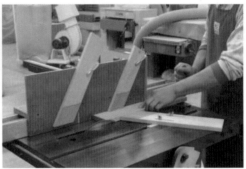

圖 4-120　羽毛板操作示範

　　本防回彈羽毛板除使用於圓鋸機外，也可以設定在倒裝修邊機台（圖 4-121），多片使用也適當（圖 4-122）。

圖 4-121　設定在倒裝修邊機台

圖 4-122　多片使用也適當

3.適用：圓鋸機、裁板機、倒裝修邊機台

四、帶鋸圓柱鋸座（圖4-123）尺寸圖（圖4-124）

圖 4-123　帶鋸圓柱鋸座，2017 年 3 月 7 日

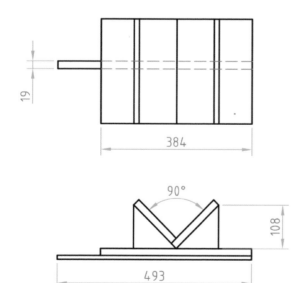

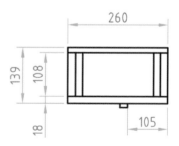

圖 4-124　帶鋸圓柱鋸座尺寸圖

（一）理念

利用 V 形凹槽支撐，降低圓柱形木料透過帶鋸機鋸切而產生滾動跳起的危險。

（二）技法

以六分厚度夾板如設計圖尺寸鋸切後組合成 V 形，雙邊各以兩片等腰三角形夾板支撐固定呈直角，釘上底板與木條方便定位及滑動。

（三）形式內容

1. 材質

以六分厚度夾板鋸切組合。

2. 操作模式

鋸座導條置入平台導槽可進退，使用 V 槽設計，可安全卡住圓柱形木料避免鋸切時滾動跳起，產生危險。

將本輔具放入帶鋸機工作檯導槽（圖 4-125），欲鋸切的木料置入 V 槽（圖 4-126），調整鋸條軸承於木料上方 1cm 處並鎖定，再以手部壓住木料於 V 槽（圖 4-127），依鋸條旋轉的速度緩慢進行安全鋸切。

 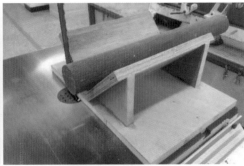

圖 4-125　置入導槽　　　　　圖 4-126　木料置入 V 槽

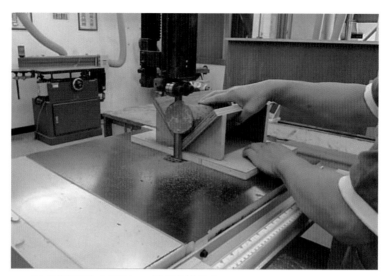

圖 4-127　以手部壓住木料於 V 槽進行鋸切

3. 適用：帶鋸機

五、形銑圍具（圖4-128）尺寸圖（圖4-129）

圖 4-128　形銑圍具，2017 年 3 月 7 日

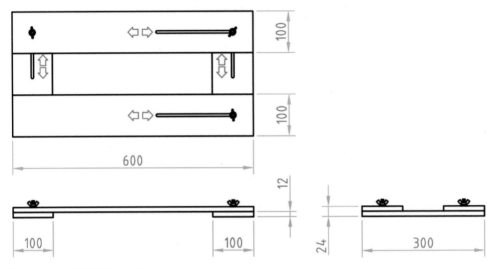

圖 4-129　形銑圍具尺寸圖

（一）理念

便利圍形複製再以修邊機銑出凹槽或穿透。

（二）技法

以四分厚度夾板依設計圖尺寸裁切長短各兩片，再以修邊機倒裝使用直刀銑出穿透直形溝槽並依序鎖上蝶帽螺絲即可，因為是圍形銑孔，所以內圍需以順時針方向進行操作形銑。

（三）形式內容

1. 材質

四分厚度夾板與蝶帽螺絲四組。

2. 操作模式

方便快速設定及重複使用的安全形銑輔具，可快速調整放大縮小所需尺寸，以 F 夾固定即可操作。

取出形銑圍具放鬆蝶帽螺絲，再移動圍板靠緊木料外圍並鎖緊，置入
欲形銑的木板上（圖 4-130）對好位置（圖 4-131），再以夾具鎖好
固定（圖 4-132），因為形板放置於上方，所以此時需使用軸承在後
方的修邊刀形銑，內圍需以順時針方向進行操作（圖 4-133）方為上
策，如圖 4-134 為銑洗溝槽。

圖 4-130　放置於木板　　　　　　　　圖 4-131　對好位置

圖 4-132　以夾具鎖好固定

圖 4-133　以順時針方向進行操作

圖 4-134　形銑溝槽

3. 適用：修邊機

六、切小於45度鋸座（圖4-135）尺寸圖（圖4-136）

圖 4-135　切小於 45 度鋸座，2017 年 3 月 8 日

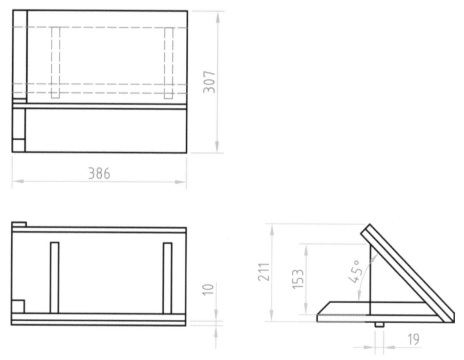

圖 4-136　切小於 45 度鋸座尺寸圖

（一）理念

簡易且安全鋸切板材或角料小於 45 度。

（二）技法

以六分厚度長方形夾板的長邊一中線先鋸一刀 45 度，二片板組合成 45 度前端鎖上止木條，夾角以等腰三角形夾板支撐固定，底板鎖上一木導條。

（三）形式內容

1. 材質

六分厚度夾板與實木角材，3cm 螺絲數支。

2. 操作模式

鋸座導條置入圓鋸機平台導槽可進退，固定的 45 度推台，只要調整圓鋸片角度即可進行小於 45 度木料或板材裁切。

將輔具的導條置入導槽並以角度規量測所需角度（圖 4-137），以夾具鎖定欲裁切木料（圖 4-138），鎖兩支後木料比較穩定（圖 4-139），如此便能進行安全鋸切（圖 4-140）材料。

圖 4-137　置入導槽量測角度

圖 4-138　夾具鎖定　　　　　　　　　圖 4-139　兩支比較安全

圖 4-140　安全鋸切

3. 適用：圓鋸機

七、鑽床定距鑽座（圖**4-141**）尺寸圖（圖**4-142**）

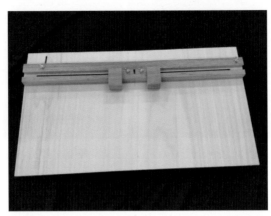

圖 4-141　鑽床定距鑽座，2017 年 3 月 10 日

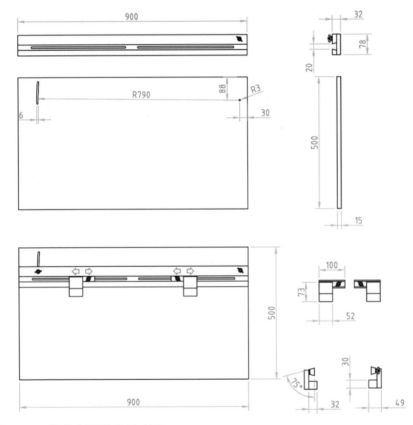

圖 4-142　鑽床定距鑽座尺寸圖

（一）理念

　　增加人板材鑽孔的穩定性，提升人量鑽孔定位的準確性與縮短操作時間，更適合德國鉸鏈孔的鑽製。

（二）技法

　　本輔具以五分厚度夾板裁切成 90 乘 50cm 並銑出一弧形穿透溝槽，為基座與靠板用的弧開式翻動止木槽，再製作兩個 L 形止木結合蝴蝶鉸鏈，以上各鎖上蝶帽螺絲。

（三）形式內容

1. 材質

使用五分厚度夾板製作組合，長短蝶帽螺絲加上蝴蝶鉸鏈各二組。

2. 操作模式

套入鑽孔機平台圓座並以 F 夾固定，設定所需，鎖緊左右定距止木，即可進行等距等直徑規格鑽孔。

示範操作鑽取德國鉸鏈孔，鑽床夾頭鎖上直徑為 35mm 鑽頭，將本輔具放置在鑽床工作平台上以夾具鎖定，調整鑽頭外徑與靠板距離 4mm（圖 4-143）鎖緊蝶帽螺絲，量測好鑽針尖點對準孔心（圖 4-144），左右都校正好並翻下止木塊（圖 4-145），以上設定好即可安全操作。

圖 4-143　鑽頭外徑與靠板距離 4mm

 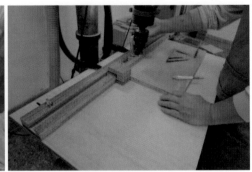

圖 4-144　鑽針尖點對準孔心　　　　圖 4-145　校正好並翻下止木塊

　　鑽製等距孔，事先裁切多片相同寬度定位木塊（圖 4-146），鑽針尖點對準木板的第一孔心，若需鑽取五孔便排列五片定位木塊（依此類推，板材在左、定位木塊在右）（圖 4-147），並翻下止木塊鎖緊蝶帽螺絲即可鑽孔，每鑽一孔便取下一定位木塊，再移動至下一定位木塊，直到鑽完（圖 4-148）。

圖 4-146　多片相同寬度定位木塊　　圖 4-147　對準木板的第一孔心

圖 4-148　移動至下一定位木塊，直到鑽完

3. 適用：鑽孔機

八、圓鋸任意角左推台（圖4-149）尺寸圖（圖4-150）

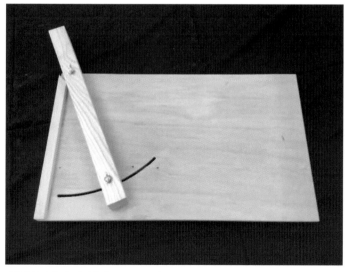

圖 4-149　圓鋸任意角左推台，2017 年 3 月 10 日

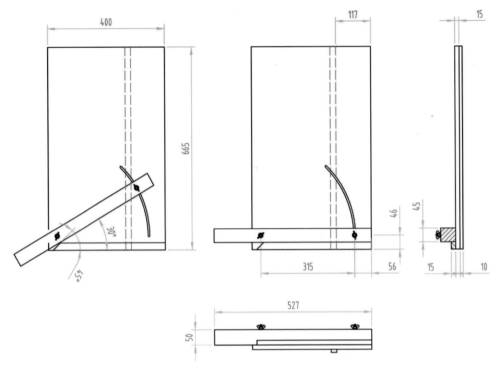

圖 4-150　圓鋸任意角左推台尺寸圖

（一）理念

便利快速設定所需角度的安全裁切，適合鋸片左邊操作。

（二）技法

六分厚度夾板為操作基座鎖上一條實木導條，修邊機銑出弧形溝槽，中硬度以上的實木角材一條鑽 6mm 二孔與弧形溝對應，如設計圖尺寸，鎖上一條與圓鋸片呈直角的定位止木條方便回歸 0 度。

（三）形式內容

1. 材質

使用六分厚度夾板與中硬度以上的實木，兩組蝶帽螺絲。

2. 操作模式

推台導條置入圓鋸機平台左邊導槽可進退，放鬆角度鎖定螺絲，設定角度，鎖緊鎖定螺絲，即可進行所需角度裁切。

使用本輔具前需校正鋸片與工作檯面的直角（圖 4-151），再將推台導條對準檯面溝槽置入（圖 4-152），此時即可放鬆蝶帽螺絲調整所需角度並鎖緊各螺絲（圖 4-153），安全裁切角材或板材。

圖 4-151　校正鋸片 90 度

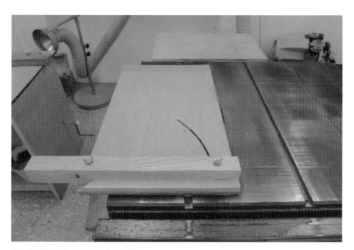

圖 4-152　導條置入圓鋸機左導槽

圖 4-153　調整角度靠板設定角度

3. 適用：圓鋸機

九、圓鋸任意角右推台（圖4-154）尺寸圖（圖4-155）

圖 4-154　圓鋸任意角右推台，2017 年 3 月 10 日

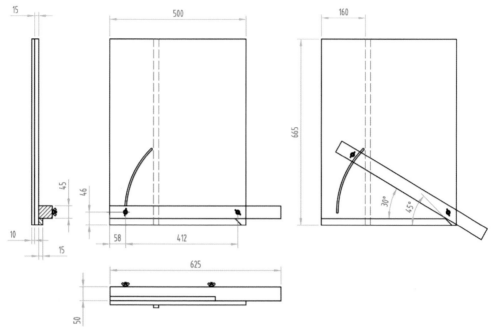

圖 4-155　圓鋸任意角右推台尺寸圖

（一）理念

便利快速設定所需角度的安全裁切，適合鋸片右邊操作。

（二）技法

六分厚度夾板為操作基座鎖上一條實木導條，修邊機銑出弧形溝槽，中硬度以上的實木角材一條鑽 6mm 二孔與弧形溝對應，如設計圖尺寸，鎖上一條與圓鋸片呈直角的定位止木條方便回歸 0 度。

（三）形式內容

1. 材質

使用六分厚度夾板與中硬度以上的實木，兩組蝶帽螺絲。

2.操作模式

推台導條置入圓鋸機平台右邊導槽可進退，放鬆角度鎖定螺絲，設定角度，鎖緊鎖定螺絲，即可進行所需角度裁切。

使用本輔具前需校正鋸片與工作檯面的直角（圖 4-156），同左推台，再將推台導條對準檯面溝槽置入（圖 4-157），此時即可放鬆蝶帽螺絲調整所需角度並鎖緊各螺絲（圖 4-158），安全裁切角材或板材，以上操作前置設定與左推台相同。

圖 4-156　校正直角

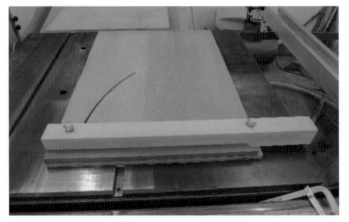

圖 4-157　導條置入圓鋸機右導槽

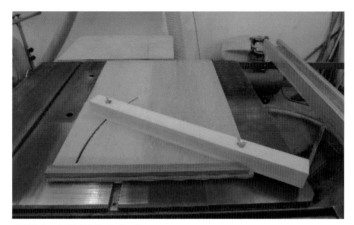

圖 4-158　調整角度靠板設定角度

3. 適用：圓鋸機

十、圓鋸機助推台（圖4-159）尺寸圖（圖4-160）

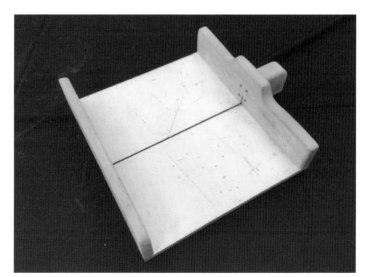

圖 4-159　圓鋸機助推台，2017 年 3 月 11 日

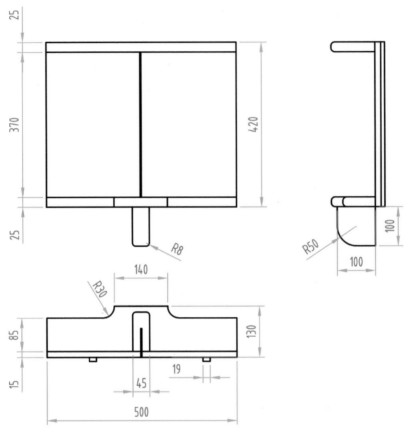

圖 4-160　圓鋸機助推台尺寸圖

（一）理念

　　復刻版的圓鋸機輔助推台，適當的尺寸與操作重量及滑順度，前平直後雙凹弧加上鋸片護板以防操作危險，容易分辨前與後關係。

（二）技法

　　前後兩片實木板材依尺寸圖裁切邊緣銑出 R 角，後板鎖上鋸片出刀護板，依尺寸圖鋸切五分厚度夾板為基座，前後上膠鎖上實木板，需校正鋸路與後靠板是否為直角，基座與圓鋸機接觸的底面鎖上兩條木導條，即是安全操作輔助推台。

（三）形式內容

1. 材質

五分厚度夾板，2.5cm 厚實木兩片與 4.5cm 鋸片保護蓋板，兩條木導條。

2. 操作模式

利用圓鋸機鋸片兩旁原有的導槽，以適當尺寸板材加前後靠板，再校正鋸片與後靠板的 90 度直角，製作而成。後靠板出刀處需再加一蓋板，以防操作時鋸片出刀產生危險，操作時需手握後靠板左右平均出力前進或拉回，才不造成角度誤差，可與多種安全輔具套用。

每次使用輔助推台時不得讓鋸片出刀於保護蓋（圖 4-161），鋸片不得高於安全線，否則也會鋸到刀具護板（圖 4-162），有鋸切角度需求時可以直接釘上設定好角度的木條（圖 4-163），若是正負角度則左右都釘（圖 4-164），當然鎖上扣具更是安全操作（圖 4-165），而且穩當。徒手操作鋸切角材時，雙手只能放置於凹槽處且不能放於鋸片護蓋上，手指需壓住及扣住材料（圖 4-166）避免危險，鋸切板材時材料要緊靠靠板而不能晃動（圖 4-167），手指壓住板材即可操作，雙手使力不平均或單手握住單邊操作可能會改變鋸切的角度而產生誤差。

圖 4-161　紅圈為鋸片護板

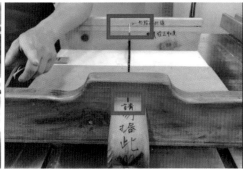

圖 4-162　注意紅框警戒線

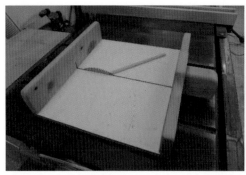

圖 4-163　單邊角度設定

圖 4-164　正負角度設定

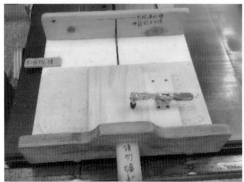

圖 4-165　扣具扣定物件

圖 4-166　徒手操作鋸切角材

圖 4-167　徒手操作鋸切板材

3.適用：圓鋸機

十一、不平邊修整推台（圖4-168）尺寸圖（圖4-169）

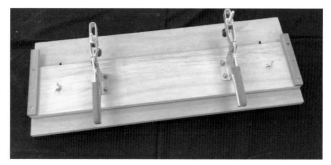

圖 4-168　不平邊修整推台，2017 年 3 月 11 日

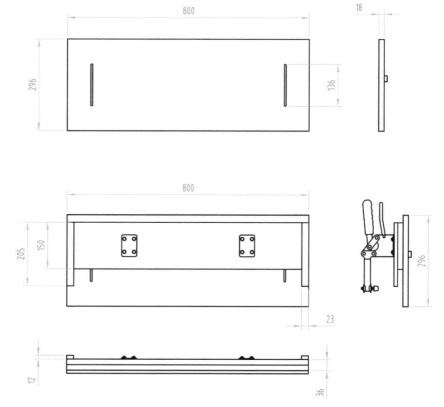

圖 4-169　不平邊修整推台尺寸圖

（一）理念

可裁切板材不平的邊緣呈直邊或呈梯形板面的安全推台。

（二）技法

以六分厚度夾板為底板，底部釘上一條實木導條，由修邊機銑出前後兩條直形穿透溝槽，再加六分厚板一片並鎖上中型扣具與止木定位木條。

（三）形式內容

1. 材質

六分厚夾板為主要材料，兩組中型扣具加上兩組蝶帽螺絲。

2. 操作模式

推台導條置入圓鋸機平台導槽可移動，推台上另加一片可調整歪斜的板材靠板，靠板上鎖上扣具，可進行梯形鋸切或不規則邊切平，增加安全性。

導條置入軌槽內（圖4-170），放鬆蝶帽螺絲調整所需角度（圖4-171），以扳手放鬆鎖扣點螺絲並調整所需的扣緊度後（圖4-172），再鎖緊螺絲（圖4-173），手握扣具進行安全裁切（圖4-174）。

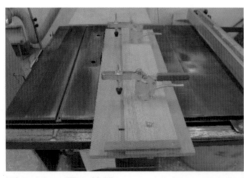

圖4-170　置入軌槽　　　　　　圖4-171　放鬆蝶帽螺絲調整所需角度

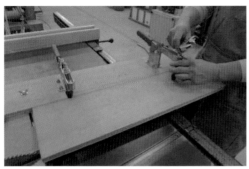
圖 4-172 放鬆扣點螺絲並調整

圖 4-173 鎖緊螺絲

圖 4-174 手握扣具裁切

3. 適用：圓鋸機、裁板機

十二、等切（木梳）榫推台（圖4-175）尺寸圖（圖4-176）

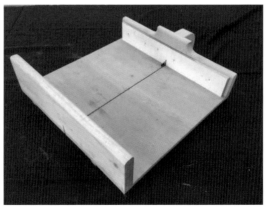

圖 4-175 等切（木梳）榫推台，2017 年 3 月 11 日

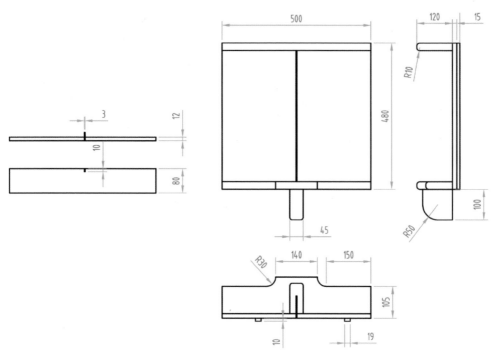

圖 4-176　等切（木梳）榫推台尺寸圖

（一）理念

　　專用製作等切榫的安全推台，改變鋸片與定位木寬度可減少榫接數量，適合木盒及小木箱創作。

（二）技法

　　依尺寸圖裁切一片四分厚度夾板，操作圓鋸機切一垂直刀縫再插入一小片與鋸片相同厚度的木片作為定位插銷使用，再固定於輔助推台靠板上，此時須調整定位插銷與鋸片間距為一鋸片厚度，即可進行等切（木梳）榫操作。

（三）形式內容

1. 材質

一片四分厚度夾板加一小片與鋸片相同厚度的實木片。

2. 操作模式

備一適當橫板，切一同鋸片厚度溝，插入一同鋸片厚度薄片，置入圓鋸助推台後靠板，向左或向右移動與鋸片厚度相同差距尺寸，即可進行試切與等切。

操作前先校正鋸片與圓鋸機工作面是否呈直角，將推台置入槽溝再取木料比對鋸片高出木料厚度 0.5～1mm（圖 4-177），第一刀先靠緊定位銷鋸切，待第一刀溝插入定位銷再切第二刀，如此依序類推切完（圖 4-178）（圖 4-179）。此為製作細緻木盒好用的等缺榫對接[3] 鋸切輔具與工法，成果如圖 4-180。

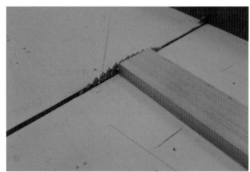
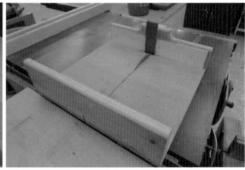

圖 4-177　鋸片高出木料厚度 1mm　　　圖 4-178　依序類推

3　楊明津、林東陽，《家具結構模型之設計與製作》，臺北市：六合出版社，1998年，頁 53。

圖 4-179　鋸切特寫　　　　　　　圖 4-180　等切榫成果盒

3. 適用：圓鋸機

十三、圓鋸靠板輔助切座（圖4-181）（圖4-182）尺寸圖（圖4-183）

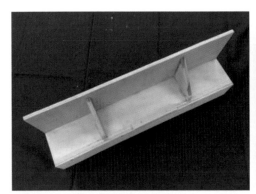

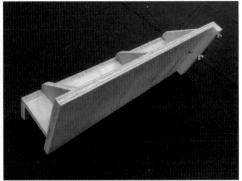

圖 4-181　圓鋸靠板輔助切座之一，　圖 4-182　圓鋸靠板輔助切座之二，
　　　　　2017 年 3 月 12 日　　　　　　　　2017 年 3 月 12 日

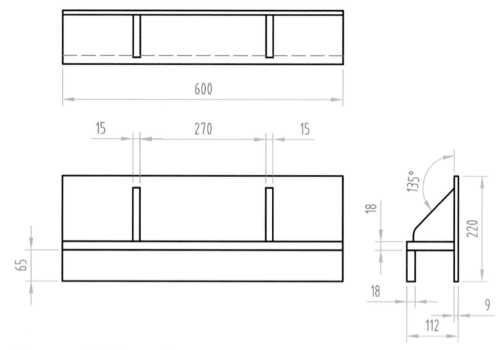

圖 4-183　圓鋸靠板輔助切座尺寸圖

（一）理念

　　套入圓鋸機所附的導板滑動，達到安全鋸切，另附角度定位條板。

（二）技法

　　按設計圖尺寸備料裁切，組合成 h 形式可依各機器導板的寬度調整，上方鎖上二或三片等腰三角形夾板校正直角與增加強度，操作面銑出一條穿透弧線並以蝶帽螺絲鎖上角度定位條板。

（三）形式內容

1. 材質

　　六分厚度夾板為主材料，實木導條與蝶帽螺絲二組。

2.操作模式

套入圓鋸靠板（靠板寬高可依機種不同調整）進行推前拉回，並以 F 夾鎖定材料，設定好所需尺寸即可進行鋸切。

先校正鋸片角度，將輔具依開口套入導板（圖 4-184），移動圓鋸導板至所需尺寸與鋸片高度，將木料緊靠定位條以夾具固定（圖 4-185），即可操作。調整角度定位條板至所需角度鎖緊蝶帽螺絲再以夾具固定木料（圖 4-186），即可安全鋸切（圖 4-187）。

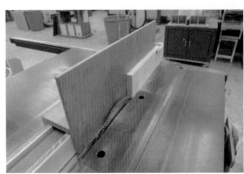

圖 4-184　套入導板

圖 4-185　木料以夾具固定

圖 4-186　以夾具固定木料

圖 4-187　安全鋸切

3.適用：圓鋸機

十四、固定圓柱V槽（圖4-188）尺寸圖（圖4-189）

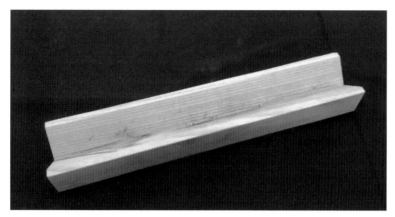

圖 4-188　固定圓柱 V 槽，2017 年 3 月 15 日

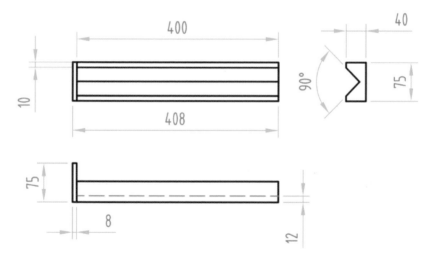

圖 4-189　固定圓柱 V 槽尺寸圖

（一）理念

解決鋸切圓柱形木料滾動的問題，鑽孔或加工既安全又便利。

（二）技法

以中硬度以上的實木材為主，依尺寸圖備料，製作上先設定圓鋸機鋸片為 45 度，鋸片高度為物料厚度三分之二，再設定導板與鋸片最高點距離至木料寬度中線，以上兩長邊各依導板鋸切一刀，即可完成圓柱 V 槽輔具。

（三）形式內容

1. 材質

中硬度以上的實木材。

2. 操作模式

柱形材放入 V 槽，固定後（木材不可晃動）可進行鋸切、方鑿、圓鑽，V 槽可支撐柱形材不滾動跳起而造成危險，增加安全。

本輔具以角鑿機適用（圖 4-190），放置好角度輔具與固定圓柱 V 槽（圖 4-191），再設定鑽取深度後即可操作，若使用鑽床可以結合鑽床任意角鑽座（圖 4-192）鑽製所需，以上操作技法論垂直、單斜、複斜等，依支撐或設定都可執行。

圖 4-190　角鑿機適用　　　　　　　圖 4-191　角度輔具與固定圓柱 V 槽

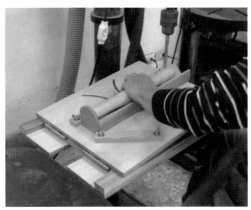

圖 4-192　結合鑽床任意角鑽座

3. 適用：鑽孔機、角鑿機、手提電鑽

十五、圓鋸密縫蓋板（圖**4-193**）尺寸圖（圖**4-194**）

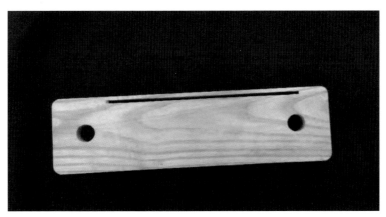

圖 4-193　圓鋸密縫蓋板，2017 年 3 月 25 日

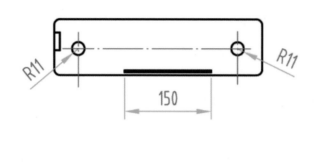

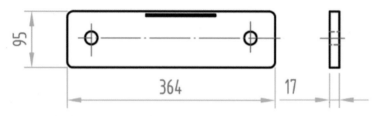

圖 4-194　圓鋸密縫蓋板尺寸圖

（一）理念

　　自製密縫蓋板讓鋸切薄料可行，降低薄片掉入孔洞危險，增加操作安全。

（二）技法

　　建議以中硬度以上板材製作，本尺寸圖僅供參考，因各圓鋸機的鋸片蓋板尺寸不一，可依據現場圓鋸機的鋸片蓋板厚度裁切，描繪外型尺寸並鑽出手指孔洞，先校正鋸片 90 度再降低於工作面，然後置換金屬蓋板，最後取重物壓住本輔具，慢慢升高鋸片鋸出溝槽即可使用操作。

（三）形式內容

1. 材質

中硬度以上板材及超過圓鋸機的金屬鋸片蓋板厚度的毛料。

2. 操作模式

置換圓鋸機更換鋸片蓋板，縮小鋸片縫，增加鋸切薄片安全，使薄片不掉入縫內，降低危險。

將本密縫蓋板置換後，移動圓鋸機靠板與鋸片到所需距離（圖4-195），調升鋸片高於板材厚度3～5mm，以板材貼緊靠板，右手取板形助推板推進，左手持助推桿側抵木料靠緊導板（圖4-196），以免歪斜產生危險。當木料推送過半時左手持助推桿需改置於鋸片前方側抵板材（圖4-197），與導板密合，直到木料切完離開鋸片，順勢往左推開左邊木料（圖4-198）。

圖4-195　設定靠板與鋸片距離

圖4-196　右手推進，左手側抵

圖4-197　鋸切過半時左手改置前方側抵

圖4-198　直到木料切完離開鋸片，順勢往左推開左邊木料

3. 適用：圓鋸機

第三節
再生輔具
—

　　筆者試著以目前使用中的輔具變換一下製作的材料，可以增加耐用度及準確性，以現用輔具再改進並由木材類材料製作，使用時不傷刀具，更不須開模生產，共計三十三件如下。

一、板形助推板（圖4-199）尺寸圖（圖4-200）

圖 4-199　板形助推板，2017 年 3 月 2 日

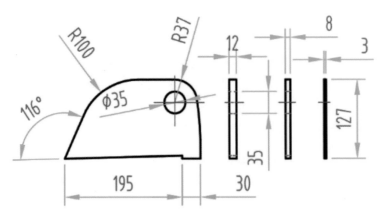

圖 4-200　板形助推板尺寸圖

（一）理念

　　改善徒手操作鋸切薄料造成的危險，提升木料裁切的穩定性，拉開手部與鋸片間的距離。

（二）技法

　　視所需材料寬度選擇妥當的厚度夾板，依尺寸圖，先鑽一穿透孔再操作線鋸機鋸切雛型，最後由圓盤砂磨機研磨成型。

（三）形式內容

1. 材質

可使用各式厚度的夾板製作。

2. 操作模式

具備勾與下壓雙重作用，勾動材料前進，下壓材料可避免翹起回彈，可安全鋸切符合的不同厚度板材及薄片材。

參考現成助推桿並改善操作問題，圖 4-201 的紅線顯示兩個施力落點，前為下壓點，避免木料推進時翹起；後為勾動點，可讓木料推進避免回彈，穿透孔增加手持感更適合勾掛。操作前先選擇合適且不被鋸片切到的厚薄助推板（圖 4-202），若推進時助推板被鋸片切到可能會產生驚嚇感（圖 4-203）。

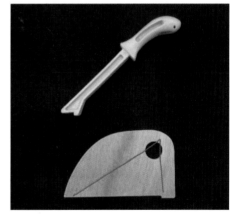

圖 4-201　塑膠助推桿與助推板之不同處

操作前先調整所需的鋸片角度與超過木板厚度 3～5mm 的高度，木料靠緊導板右手取助推板試勾（圖 4-204）推進，左手持助推桿輕力側抵木料靠緊導板（圖 4-205），以

圖 4-202　選擇合適且不被鋸片切到的
　　　　　助推板

圖 4-203　若鋸到會有驚嚇感

免歪斜產生危險，木料推送過半時左手的助推桿需改側抵板材前方溝
槽處（圖 4-206）使板材與導板密合，直到木料切完離開鋸片，同時
間側推開左邊木料（圖 4-207）。

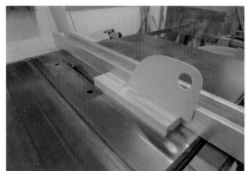

圖 4-204　助推板試勾

圖 4-205　左手持助推桿輕力側抵木料

圖 4-206　過半時改側抵板材前方溝槽處

圖 4-207　同時間側推開左邊木料

3.適用：裁板機、圓鋸機、手壓鉋機

二、握式助推板（圖4-208）尺寸圖（圖4-209）

圖 4-208　握式助推板，2017 年 3 月 2 日

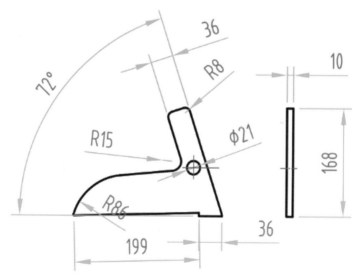

圖 4-209　握式助推板尺寸圖

（一）理念

改善徒手操作鋸切產生的危險，提升木料推進的穩定性，避開手部與鋸片的近距離，以手握方式使用。

（二）技法

由物件寬度選擇四分厚度以上的夾板，依尺寸圖製作，先鑽一穿透孔再操作線鋸機鋸切雛型，最後由圓盤砂磨機研磨成型。

（三）形式內容

1. 材質

依個人需求選擇四分厚度的夾板或中硬度以上實木製作。

2. 操作模式

具備勾與下壓雙重作用，勾動材料前進，下壓材料可避免翹起回彈，可用於較寬板材。

參考現成握式塑膠助推板操作時與鋸片接觸容易產生削末的集結問題，圖 4-210 的紅線顯示兩個施力落點，前方寬大，下壓力道足，避免木料推進時翹起；後為勾動點，可讓木料推進避免回彈，穿透孔適合勾掛。

首先需調整鋸片的角度與高於木板厚度 3～5mm，木料靠緊導板右手取握式助推板試勾（圖 4-211）推進，右手持輔具勾動木料（圖 4-212），木料鋸切過

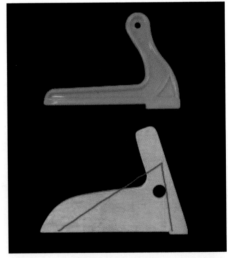

圖 4-210 塑膠助推板與握式助推板之不同處

半時左手的助推桿需改側抵板材前方溝槽處（圖4-213），使板材與導板密合，直到木料切完離開鋸片，同時間側撥開左邊木料（圖4-214）。

圖4-211　握式助推板試勾　　　　圖4-212　持輔具勾動木料

圖4-213　過半時改側抵板材前方溝槽處　圖4-214　同時間側撥開左邊木料

3.適用：裁板機、圓鋸機、手壓鉋機

三、寬型握式助推板（圖4-215）尺寸圖（圖4-216）

圖 4-215　寬型握式助推板，2017 年 3 月 2 日

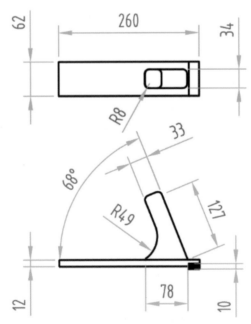

圖 4-216　寬型握式助推板尺寸圖

（一）理念

　　本寬型握式助推板適合推進具厚度與寬度的板材，因板形助推板鋸切較寬板材的推進力稍嫌不足。

（二）技法

　　握把以中硬度實木製作研磨，勾動板由四分厚度以上的夾板依尺寸圖裁切後，底部膠合實木勾動條再與握把鎖上螺絲固定。

（三）形式內容

1. 材質

四分厚度以上的夾板與中硬度實木製作。

2. 操作模式

具備勾與下壓雙重作用，勾動材料前進，下壓材料可避免翹起回彈，可用於較寬、較厚的板材。

握把以修邊 R 刀銑出圓弧形增加手握質感（圖 4-217），設定好調整鋸片的角度與高於木板厚度 3～5mm，木料靠緊導板取寬型握式助推板試勾（圖 4-218）推進，右手持輔具勾動木料前進鋸切（圖 4-219），左手握助推桿輕力側壓使板材與導板密合（圖 4-220），直到木料切完離開鋸片，同時間側撥離左邊木料（圖 4-221）。

圖 4-217　圓弧握把增加手握質感　　圖 4-218　助推板試勾

圖 4-219　持輔具勾動木料前進鋸切　　　圖 4-220　左手握助推桿輕力側壓

圖 4-221　鋸開同時側撥離左邊木料

3. 適用：裁板機、圓鋸機、手壓鉋機

四、圓砂機任意角磨具（圖4-222）尺寸圖（圖4-223）

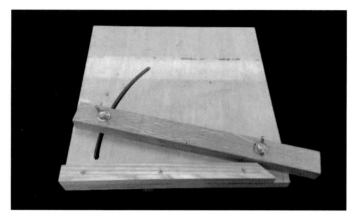

圖 4-222　圓砂機任意角磨具，2017 年 3 月 6 日

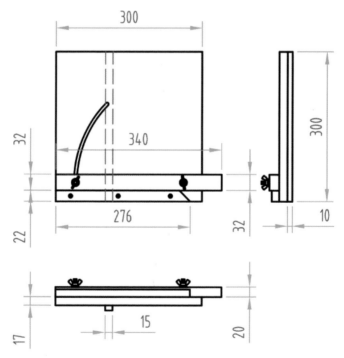

圖 4-223　圓砂機任意角磨具尺寸圖

（一）理念

　　局部細磨或大量角度研磨的安全操作。

（二）技法

　　六分厚度夾板為操作基座，底部鎖上一條實木導條，以修邊機銑出弧形溝槽，中硬度以上的實木角材一支，並鑽 6mm 二孔鎖上蝶帽螺絲與弧形溝對應，如設計圖尺寸，鎖上一條與圓鋸片呈直角的定位止木條，方便回歸 0 度。

（三）形式內容

1. 材質

使用兩組蝶帽螺絲與六分厚度夾板及中硬度以上的實木。

2. 操作模式

導條置入平台導槽可移動，利用可調角度靠板研磨木料 0～45 度各角度，因圓盤為逆時針旋轉，所以工作物需先置於工作平台及左半邊進行操作，避免發生危險。

輔具導條置入圓盤砂磨機導槽左邊（圖 4-224），欲研磨直角時先校正靠板與研磨盤呈直角，將木料倚緊、抓緊靠板，輕輕碰觸研磨盤，到定位時即可推進研磨（圖 4-225）。研磨 0～45 度前須將靠板調整好所需角度（圖 4-226），再將木料倚緊、抓緊靠板，輕輕碰觸研磨盤，到定位時即可推進研磨。

圖 4-224　置入圓盤砂磨機導槽左邊

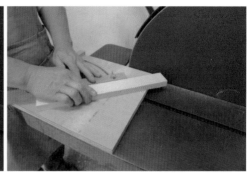

圖 4-225　木料倚緊、抓緊靠板　　圖 4-226　研磨 0～45 度前須將靠板調整好
　　　　　　　　　　　　　　　　　　　　　　　　所需角度

3. 適用：圓鋸助推台

五、盒角鳩尾銑具（圖4-227）尺寸圖（圖4-228）

圖 4-227　盒角鳩尾銑具，2017 年 3 月 6 日

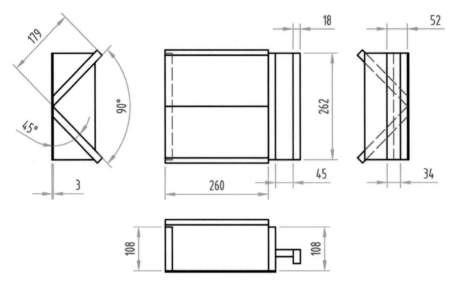

圖 4-228　盒角鳩尾銑具尺寸圖

（一）理念

　　圓鋸機鋸切楔片溝槽的另一選擇，更適合銑洗鳩尾槽溝使用，且穩定與安全。

（二）技法

　　依尺寸圖鋸切製作套入導板的走槽，再裁切木心板組合成 V 形直角凹槽，底部以等腰三角形板材支撐固定加強結構。

（三）形式內容

1. 材質

本輔具使用的主材料爲六分厚度的夾板與木心板。

2. 操作模式

套入修邊台靠板進行鳩尾槽銑溝，45 度斜接的結構加強，調整距離可銑多個鳩尾槽，也可置換不同刀形操作。

　　將欲使用的刀形鎖緊於修邊機並倒裝調好刀鋒高度，套入導板（圖4-229），設定所需寬度距離（圖4-230），再試刀試銑是否為正確要求，基於操作安全可在導板前後端各固定一片止木（圖4-231），讓輔具有依歸。

圖4-229　套入導板　　　　　　　　圖4-230　設定所需寬度距離

圖4-231　前後有止木，讓輔具有依歸

　　透過本輔具協助的鋸切，讓木盒四個端角呈現方栓斜接[4]的裝飾線

4　楊明津、林東陽，《家具結構模型之設計與製作》，臺北市：六合出版社，1998

段（圖 4-232），若穿插不同的原木色澤能提升整體色彩趣味（圖 4-233）。

圖 4-232　方栓斜接的裝飾線段　　　　圖 4-233　提升整體色彩趣味

3. 適用：倒裝修邊機

六、切榫扣具（圖4-234）尺寸圖（圖4-235）

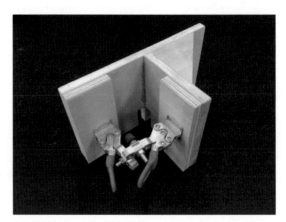

圖 4-234　切榫扣具，2017 年 3 月 6 日

年，頁 63。

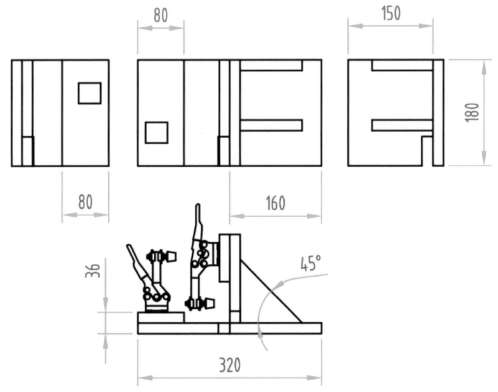

圖 4-235　切榫扣具尺寸圖

（一）理念

　　穩定榫頭立切的安全與準確性，更適合量切使用。

（二）技法

　　六分厚度木心板為主要基材，先按照尺寸圖裁切並組合成 T 形，再以等腰三角形做直角結構，於直角 L 形處各鎖上一組安全扣具。

（三）形式內容

1. 材質

　　六分厚度木心板加上安全扣具二組及螺絲組合。

2. 操作模式

鋸切榫頭的輔助扣具，可切寬邊、切窄邊使用，需搭配圓鋸助推台或圓鋸靠板輔助切座操作，提升安全性。

操作前先校正鋸片呈直角，再升高鋸片所需高度，本輔具可結合圓鋸機輔助推台使用，以夾具固定於推台靠板（圖 4-236），視榫頭的形式調整所需距離（圖 4-237），扣定木料前需進行第一次試切（圖 4-238），確認無誤後方能安心安全操作（圖 4-239），為便利製作半搭對接、三缺榫接、貫穿方榫對接、止方榫對接、五缺榫對接[5] 等的安全輔具。

圖 4-236　夾具固定於推台靠板

圖 4-237　視榫頭的形式調整距離

圖 4-238　進行第一次試切

圖 4-239　尺寸無誤可安心安全操作

5　楊明津、林東陽，《家具結構模型之設計與製作》，臺北市：六合出版社，1998年，頁 30。

3.適用：圓鋸助推台、圓鋸靠板輔助切座

七、盒角楔片切座（圖4-240）尺寸圖（圖4-241）

圖 4-240 盒角楔片切座，2017 年 3 月 7 日

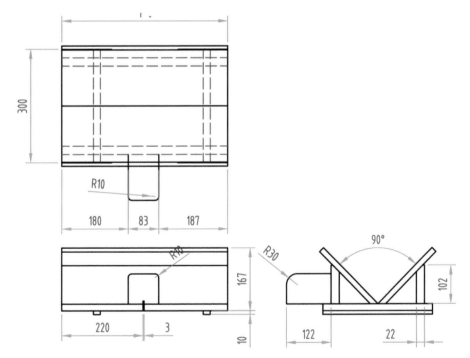

圖 4-241 盒角楔片切座尺寸圖

（一）理念

穩定鋸切創意線段質感的盒角裝飾，可長短或角度呈現，營造整體趣味。

（二）技法

依尺寸圖製作，為增加操作穩定性，以五分厚度夾板鋸切組合成 L 形直角，再以實木切 45 度當 V 形支撐，更要加上實木做鋸片出刀護蓋，以免產生危險。

（三）形式內容

1. 材質

五分厚度夾板為主要基座，結合實木增加操作穩定性。

2. 操作模式

切座導條置入圓鋸機平台導槽可進退，使用 V 槽設計，依所需尺寸鎖定定位止木板，量測所需的刀高度再進行溝槽鋸切，溝槽寬度可自訂，適合木盒製作或 45 度角接合結構補強使用。

先校正鋸片直角再將輔具導條置入圓鋸機導槽（圖 4-242），調高所需刀高度並放鬆蝶帽螺絲，調整止木板至所需距離（圖 4-243）並鎖緊螺絲，此時木盒盒邊緊靠止木板，壓好木盒即可鋸切楔片溝（圖 4-244）。木盒端角上下共鋸八刀，盒高度居中共四刀，最後鑲入異色木片，待膠乾後磨平上漆保護，即完成具妝點性的實用木盒（圖 4-245）。

圖 4-242　導條置入圓鋸機導槽

圖 4-243　調整止木板至所需距離

圖 4-244　盒邊緊靠止木板，壓好木盒
　　　　　即可鋸切

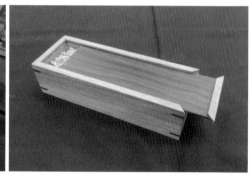

圖 4-245　具妝點性的實用木盒

3. 適用：圓鋸機

八、修邊機水平鑽座（圖4-246）尺寸圖（圖4-247）

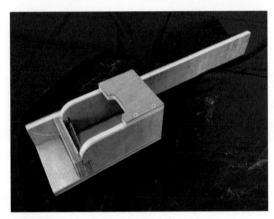

圖 4-246　修邊機水平鑽座，2017 年 3 月 8 日

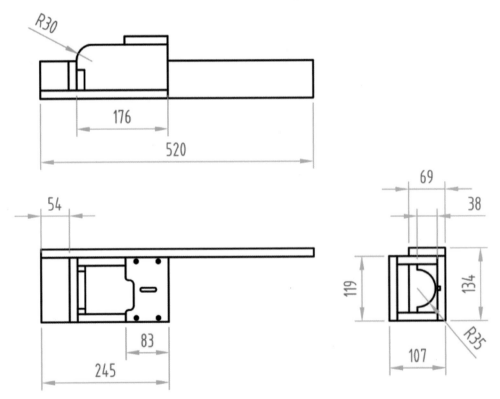

圖 4-247　修邊機水平鑽座尺寸圖

（一）理念

　　附加修邊機使用單一化功能，水平式銑出木釘榫孔與定位銷。

（二）技法

　　使用四分厚度夾板按所使用的修邊機外型鋸切仿製服貼的四片邊板，如尺寸圖，再固定於平整的夾板上。

（三）形式內容

1. 材質

四分厚度夾板爲主要基材。

2. 操作模式

以修邊機爲主機體，水平固定後可鑽取圓孔、橢圓孔的改裝型安全輔具，可進行量化及規格化製作。

將輔具以夾具鎖定於工作桌面上，安裝好修邊機與所需刀形，依自訂孔位位置中心點加墊高度差與左右距離及深度（X、Y、Z軸），即可推進木料銑鑽孔洞（圖4-248）。

圖4-248　銑鑽孔洞

3.適用：修邊機

九、盒用45度內溝銑座（圖4-249）尺寸圖（圖4-250）

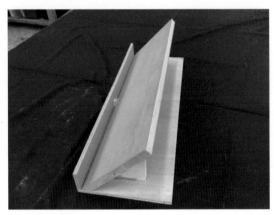

圖 4-249　盒用 45 度內溝銑座，2017 年 3 月 8 日

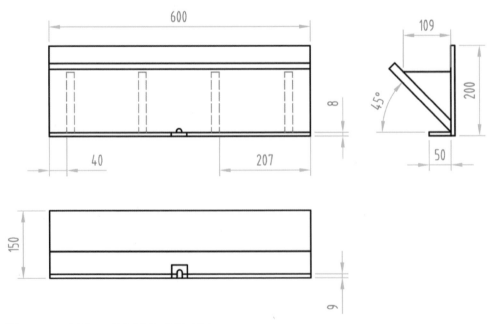

圖 4-250　盒用 45 度內溝銑座尺寸圖

（一）理念

　　一款便利木盒45度角結合的隱式結構可增加強度，讓操作更安全與實用的輔具。

（二）技法

　　將三分夾板依尺寸圖裁切組合成 L 形，六分木心板長單邊鋸切成45 度與 L 形內角膠合固定，再使用六分厚等腰三角形夾板支撐穩固。

（三）形式內容

1. 材質

三分厚度夾板與六分厚度木心板製作。

2. 操作模式

專用製作 45 度結合之角度內樺溝槽輔具，需配合使用倒裝修邊台。本輔具可結合修邊機倒裝銑台使用（圖 4-251），修邊機裝好 T 形銑刀，倒裝於修邊台套筒中並調好所需的刀高度，本輔具先校正欲銑的刀距離再以夾具鎖定於工作面上（圖 4-252），此時須注意進刀的

方向，倒裝時應該是由右至左進刀，若是相反方向則會快速進刀而產生拉力危險，待各關係點的安全確認無誤後即可開機。轉速穩定，厚板材可依靠輔具緩慢進刀操作（圖 4-253），所有板材銑完即可關機，待完全停機後再清潔、拆輔具（圖 4-254），四邊板材鑲入楔片膠合修飾，上漆塗裝即是木盒（圖 4-255）。

圖 4-251　結合修邊機倒裝銑台使用

圖 4-252　以夾具鎖定於工作面上

圖 4-253　依靠輔具緩慢進刀

圖 4-254　銑完即可關機清潔、拆輔具

圖 4-255　鑲入楔片膠合修飾木盒

3.適用：修邊機

十、手電鑽水平鑽座（圖4-256）尺寸圖（圖4-257）

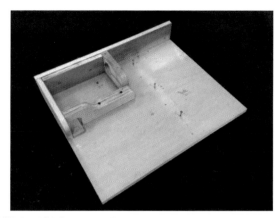

圖 4-256　手電鑽水平鑽座，2017 年 3 月 8 日

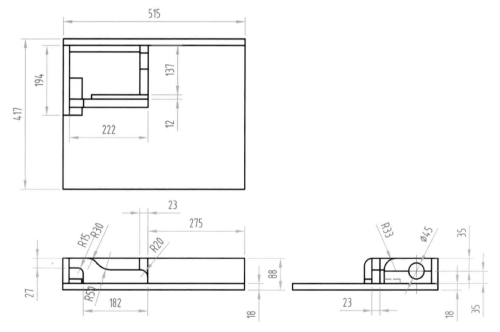

圖 4-257　手電鑽水平鑽座尺寸圖

（一）理念

　　方便手提電鑽操作鑽取水平孔的單一化功能，可鑽木釘榫孔與定位銷。

（二）技法

　　使用六分厚度夾板按使用的手提電鑽外型鋸切，可以定位鎖緊於基座板上，如尺寸圖，另外製作幾片可拆式的鎖定板，方便拆裝使用。

（三）形式內容

1. 材質

六分厚度夾板為主要基材。

2. 操作模式

以手提電鑽為主體機，水平固定後可鑽取圓孔，插入相同直徑木榫，適合板材或角材端面鑽孔加工。

手提電鑽裝上所需的鑽頭，拆開鎖定板置入電鑽，輔具以夾具鎖定於工作桌面上，依自訂孔位位置中心點加墊高度差與左右距離及深度（X、Y、Z軸），即可推進木料鑽孔洞（圖4-258）。

圖 4-258　設定好 X、Y、Z 軸即可推進木料

3.適用：手提電鑽

十一、修邊形銑圓套座（圖4-259）尺寸圖（圖4-260）

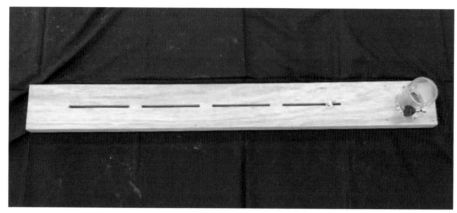

圖 4-259　修邊形銑圓套座，2017 年 3 月 9 日

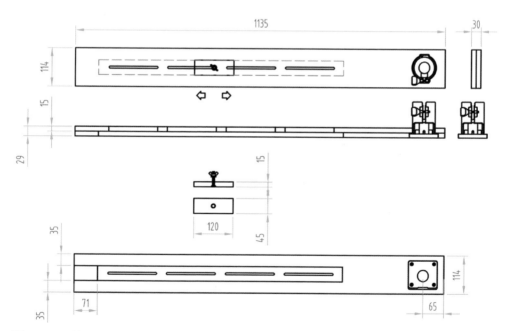

圖 4-260　修邊形銑圓套座尺寸圖

（一）理念

結合修邊機套筒加入圓規概念，可以銑洗出大正圓形板材的附加功能。

（二）技法

五分厚度夾板鋸切為基座，底部緣邊圍出口字形便利於圓心定位板移動定圓心，端位以修邊機銑出套筒外徑並鎖緊固定，另外裁切一片五分板作為圓心板使用。

（三）形式內容

1. 材質

五分厚度夾板與修邊機套筒，加上蝶帽螺絲一組。

2. 操作模式

以修邊機為主機體，置入套筒中，依半徑設定可進行大直徑圓的逆時針形銑。

在欲銑的圓徑可掌握的範圍內，建議先墊一片平整的大板當銑刀保護，置放板材以圓心定位板定位（圖 4-261），再將銑圓套座套入圓心滑動溝槽中（圖 4-262），並調整到設定的半徑再鎖緊蝶帽螺絲。修邊機鎖緊銑刀裝入套筒中，此時可以先逆時針試銑淺溝（圖 4-263），確認是否為正確的直徑，若正確後可以分次加深銑圓到結束，以免產生危險。

圖 4-261　圓心定位板定位

圖 4-262　套入圓心滑動溝槽

圖 4-263　先逆時針試銑淺溝

3. 適用：修邊機

十二、修邊形銑圓可拆式套座（圖4-264）尺寸圖（圖4-265）

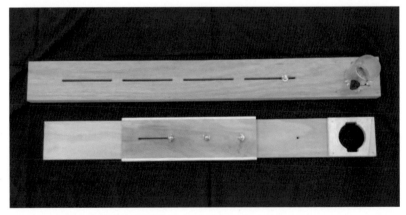

圖 4-264　修邊形銑圓可拆式套座，2017 年 3 月 9 日

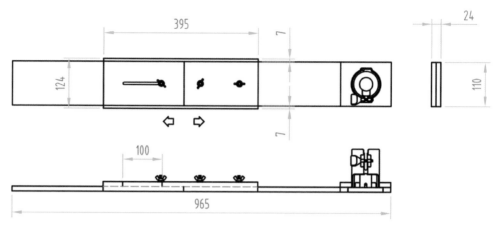

圖 4-265　修邊形銑圓可拆式套座尺寸圖

（一）理念

　　結合修邊機套筒加入圓規概念，可以銑洗出大正圓形板材的附加功能，本輔具設計爲可拆式。

（二）技法

　　四分夾板依尺寸圖裁切成三段相同寬度，一片稍長端位以修邊機銑出套筒外徑並鎖緊固定，一片搭在上方後並於兩長邊各釘上定位木條，鑽出二孔與一條滑動槽，最後將三片由蝶帽螺絲組合成型。

（三）形式內容

1. 材質

五分厚度夾板與修邊機套筒加上蝶帽螺絲三組。

2. 操作模式

以修邊機爲主機體，置入套筒中，依半徑設定可進行大直徑圓的逆時針形銑，此套座爲可拆式設計，較小圓直徑亦合用。

若直徑不大可以先拆卸後段，前段在半徑圓心處鑽一小孔打入細釘當

圓心點（圖4-266），修邊機鎖緊銑刀裝入套筒中，此時可以先逆時針試銑淺溝，再分次加深到完成。

圖4-266　一小孔打入細釘當圓心點

當欲銑的圓板直徑稍大，可加入鎖緊後段（圖4-267）再調整滑動槽釘出圓心，以修邊機鎖緊銑刀裝入套筒中，此時可以先逆時針試銑淺溝，再分次加深到完成（圖4-268）。

圖4-267　加入鎖緊後段

圖 4-268　分次加深到完成

3.適用：修邊機

十三、修邊形銑橢圓基座（圖4-269）尺寸圖（圖4-270）

圖 4-269　修邊形銑橢圓基座，2017 年 3 月 10 日

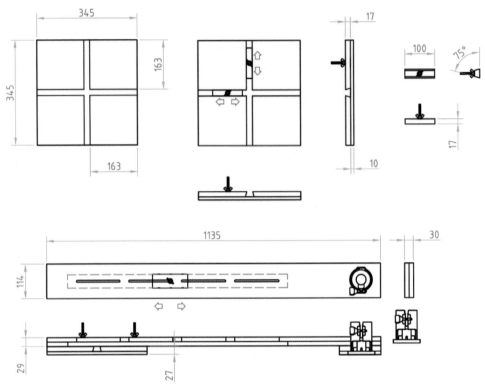

圖 4-270　修邊形銑橢圓基座尺寸圖

（一）理念

　　從橢圓的兩個相異固定點距離之和爲常數之點軌跡爲概念，延伸出可以任意設定兩相異固定點之圓心基座。

（二）技法

　　三分厚夾板爲基座，六分厚夾板的一長邊先裁切 75 度斜角，再分切成四片第二邊 75 度斜角的正方形，膠合釘在基座板上需預留滑動條寬度，鋸切一條六分厚並符合滑動條寬度兩長邊各 15 度斜角夾板，再切成 10cm 中心處鑽出一孔鎖上長蝶帽螺絲，套入滑槽後試試順暢性。

（三）形式內容

1. 材質

三分厚夾板與六分厚夾板加上蝶帽螺絲二組。

2. 操作模式

以修邊機爲主機體，置入套筒中，套裝一組橢圓專用銑座，即可進行逆時針大橢圓形銑。

使用本輔具前先以雙手試試滑條的順暢度（圖 4-271），可與修邊形銑圓套座組合形銑橢圓板材（圖 4-272），因爲是形銑外圍所以需逆時針操作，也可以與線跳鋸圓套座結合進行雛型的橢圓線鋸（圖 4-273），二圓心的改變所銑出或線鋸的橢圓形態也會有尺寸及形式的不同。

圖 4-271　雙手試試滑條的順暢度

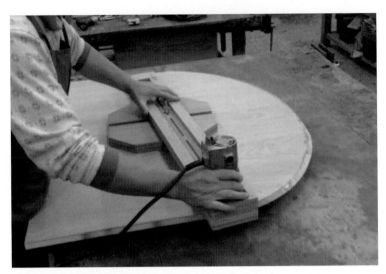

圖 4-272　與修邊形銑圓套座組合

圖 4-273　結合線跳鋸圓套座

3. 適用：修邊機

十四、圓盤任意直徑進退型磨具（圖4-274）尺寸圖（圖4-275）

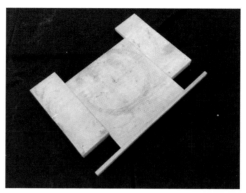

圖 4-274　圓盤任意直徑進退型磨具，2017 年 3 月 10 日

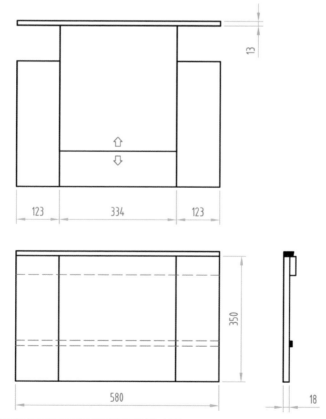

圖 4-275　圓盤任意直徑進退型磨具尺寸圖

（一）理念

方便且快速訂定圓心，以圓盤砂磨機研磨出圓形物件。

（二）技法

六分厚度夾板依尺寸圖裁切，二窄邊板置左右、寬板置中，確認滑順度後，移開寬板再以實木板膠合固定窄板，底部釘上一條實木導條，寬板的長邊固定一條實木邊當定位止木使用。

（三）形式內容

1. 材質

六分厚度夾板與實木板。

2. 操作模式

導條置入圓盤砂磨機平台導槽可移動研磨，利用可進可退設計，可研磨各式直徑圓形（盤形）板材。

將輔具底部導條置入砂磨機導槽中定位（圖4-276），釘出預設的圓心點並抽動滑動板讓板材微接觸砂盤（圖4-277），此時以順時針方向旋轉操作到所需的半徑，教學上圓盤物件可操作木工車床車製完成，本輔具利用研磨方式替代了車床工法（圖4-278），最後依然可成型（圖4-279），不失解決的方案，加上創意的椅腳設計更是一張俏皮的板凳（圖4-280）。

圖4-276　導條置入砂磨機導槽中定位

圖 4-277　讓板材微接觸砂盤

圖 4-278　替代了車床工法

圖 4-279　依然成型

圖 4-280　凳系列 -6，2018 年 3 月 23 日

3. 適用：圓盤砂磨機

十五、鳩尾榫推台（圖4-281）尺寸圖（圖4-282）

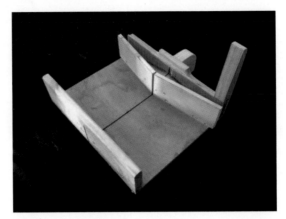

圖 4-281　鳩尾榫推台，2017 年 3 月 11 日

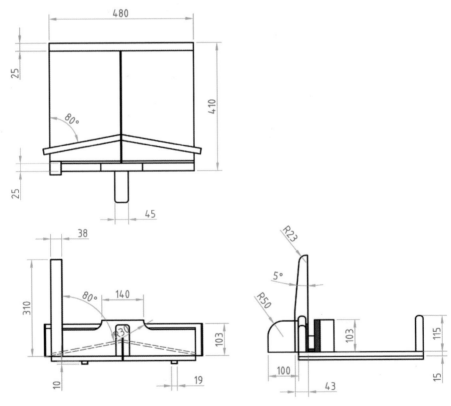

圖 4-282　鳩尾榫推台尺寸圖

（一）理念

　　整合鳩尾榫接的垂直與水平的鋸切安全操作，此輔具可鋸切 1：6 鳩尾榫。

（二）技法

　　前後兩片實木板材依尺寸圖裁切打圓角，後板鎖上鋸片出刀護板，依尺寸圖鋸切五分厚度夾板爲基座，前後上膠鎖上實木板，需校正鋸路與後板是否直角，基座與圓鋸機接觸的底面鎖上兩條木導條，即是安全操作輔具。

　　前段製作方式與圓鋸機助推台相同，僅以六分木心板裁切加入正負 10 度垂直面與正負 10 度水平角度，即是鋸切 1：6 的鳩尾輔具。

（三）形式內容

1. 材質

五分厚度夾板與六分厚度木心板及實木板材導條。

2. 操作模式

利用圓鋸助推台加裝水平角 10 度與垂直角 10 度（以鋸片分左右邊正負 10 度），兩組角度平台，即可進行貫穿鳩尾榫接[6]裁切。

操作前需校正鋸片的直角，輔具導條置入導槽，進行垂直角度鋸切時先升高鋸片至所需高度，以刻畫的指引線對準槽溝，板材置左對左邊切線、置右對右邊切線（圖 4-283），進行水平角度鋸切時鋸片調至所需高度，再以刻畫的指引線對準槽溝，板材置左對左邊切線、置右對右邊切線（圖 4-284），以上若是多個鳩尾榫鋸切方法亦同（圖 4-285）。

6　楊明津、林東陽，《家具結構模型之設計與製作》，臺北市：六合出版社，1998 年，頁 55。

圖 4-283　以刻畫的指引線對準槽溝鋸切垂直榫

圖 4-284　以刻畫的指引線對準槽溝鋸切水平榫

圖 4-285　垂直與水平鳩尾接合

3. 適用：圓鋸機

十六、修邊機倒裝銑台（圖4-286）尺寸圖（圖4-287）

圖 4-286　修邊機倒裝銑台，2017 年 3 月 12 日

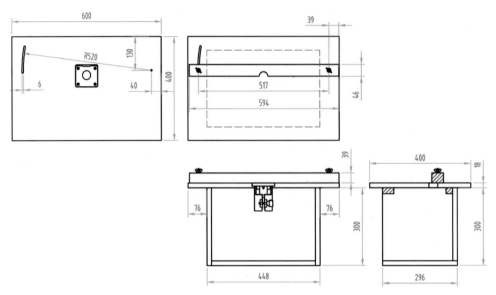

圖 4-287　修邊機倒裝銑台尺寸圖

（一）理念

　　擴充徒手運用的便利與安全、倒裝的穩定性，增加多元使用與變化操作。

（二）技法

　　箱體以六分厚度木心板依尺寸圖鋸切組合，工作面則使用六分厚度夾板裁切，鑽出一孔與銑一穿透弧線溝，中間偏上以手握修邊機形銑套筒外徑並嵌入夾板再與箱體結合，最後使用中硬度以上實木，按尺寸圖刨製一支導引操作的靠板，鑽出二孔洞並鎖上蝶帽螺絲即可。

（三）形式內容

1. 材質

　　六分厚木心板與六分厚夾板，中硬度以上實木及蝶帽螺絲二組加上修邊機套筒一個。

2. 操作模式

製作一箱體，桌板裝上修邊機原有套筒（需配合使用機種）及可弧開形靠板，方便設定使用距離，可以 F 夾固定，因屬簡便型設計所以沒思考減噪問題。

將銑刀裝入鎖緊於修邊機上並套入套筒中，調整好所需高度後鎖緊螺絲，使用上軸承銑刀則可以拆卸導板操作，若是無軸承刀具便需有導板方能安全進行工序，欲銑單邊開口或內閉口溝槽應鎖一片止木定位（圖 4-288），銑內閉口時需先靠後止木再依導板移動至前止木（圖 4-289），此時更需注意手部操作安全的放置位置。

爲了更方便使用，因此重新製作另一款有滑動止木定位裝置的靠板（圖 4-290），操作方式與圖 4-288 相同（圖 4-291），因爲減少使用夾具固定的方式。

圖 4-288　單邊開口或內閉口應有止木　　圖 4-289　先靠後止木再依導板移動至前
　　　　　定位　　　　　　　　　　　　　　　　　　止木

圖 4-290　滑動止木定位裝置的靠板　　圖 4-291　需注意手部操作安全地放置

3. 適用：修邊機

十七、固定角（**45**度）推台（圖**4-292**）尺寸圖（圖**4-293**）

圖 4-292　固定角（45 度）推台，2017 年 3 月 13 日

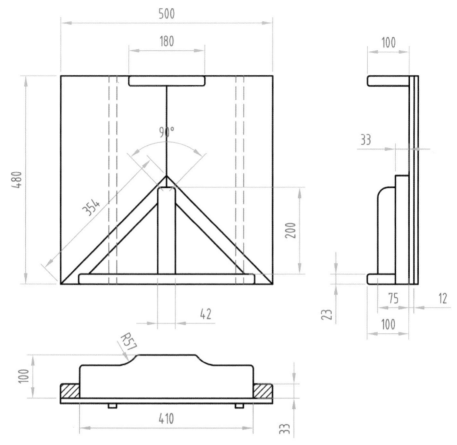

圖 4-293 固定角（45 度）推台尺寸圖

（一）理念

　　延伸圓鋸機助推台的概念，讓需時常設定 45 度角的工時縮短，鋸切更精準、更安全，尤其是小物件。

（二）技法

　　前板稍短，後靠板與基板寬度相同的兩片實木板材按尺寸圖裁切打圓角，再依尺寸圖鋸切五分厚度夾板為基座，前後上膠鎖上實木板，

需校正鋸路與後靠板是否直角，基座與圓鋸機接觸的底面鎖上兩條木導條，最後在基座上膠合固定一組倒 V 形正直角實木角材，尖點須在鋸路中心且要多製作鋸路保護蓋以防危險，如此即是鋸切 45 度角專用的安全操作輔具。

（三）形式內容

1. 材質

四分厚度夾板與中硬度以上實木。

2. 操作模式

45 度固定角方便裁切板材、角材，不需再量測設定角度，可快速及準確安全地鋸切。

操作前鋸片需校正直角角度，將輔具導條套入圓鋸機導槽，調整鋸片高於板材厚度 3～5mm 並鎖緊鋸片鎖定螺絲（圖 4-294），鋸切小材時的切斷端建議使用木條壓好，可預防切斷時反彈或跳彈出輔具外，以另一邊角鋸切可接合成 90 度正角（圖 4-295）。

圖 4-294　方便安全鋸切小材　　　　圖 4-295　可接合成 90 度正角

3. 適用：圓鋸機、裁板機

十八、帶鋸加高靠座（圖4-296）尺寸圖（圖4-297）

圖 4-296　帶鋸加高靠座，2017 年 3 月 13 日

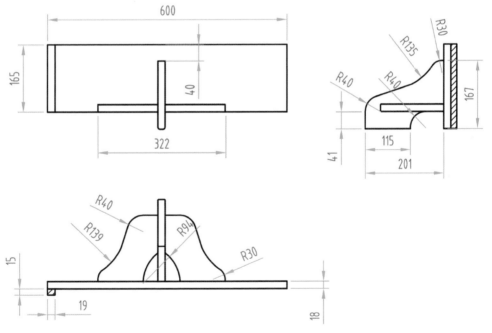

圖 4-297　帶鋸加高靠座尺寸圖

（一）理念

　　提升改善帶鋸機板材厚度剖板的穩定性，讓木料安全依靠與操作。

（二）技法

　　以六分厚度夾板按尺寸圖鋸切各板材與透過震盪砂帶機研磨曲線各零件板，最後上膠組合成型，形式尺寸可依各機器的導板調整製作。

（三）形式內容

1. 材質

六分厚度夾板與實木導條。

2. 操作模式

板材厚度切剖時，可依附原機器靠板增加高度，提升安全性、穩定性及精準度，降低危險發生。

操作前先預開帶鋸機，檢查帶鋸條是否變形、轉速有否不穩定，每個軸承先上油潤滑，調高上護罩桿，移動鋸切導板到所需厚度，將輔具置放緊靠導板並以夾具鎖定（圖4-298），或是以板材比對鋸切的厚度（圖4-299），所有的安全設定到位時，即可配合轉速進行剖切（圖4-300）。

圖4-298　緊靠導板並以夾具鎖定

圖 4-299　以板材比對鋸切尺寸　　　　圖 4-300　配合轉速進行剖切

3. 適用：帶鋸機

十九、帶鋸長邊（八角）鋸座（圖4-301）尺寸圖（圖4-302）

圖 4-301　帶鋸長邊（八角）鋸座，2017 年 3 月 14 日

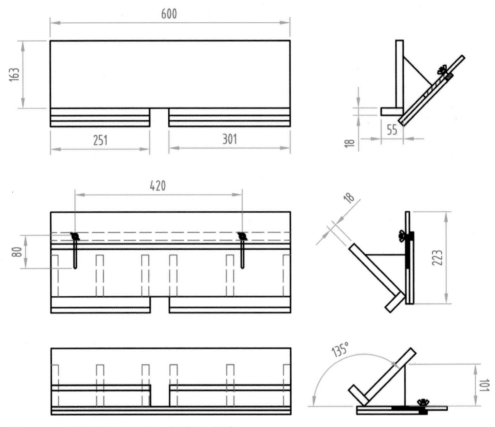

圖 4-302　帶鋸長邊（八角）鋸座尺寸圖

（一）理念

　　大尺寸角材欲進行車床車製工序前的安全步驟，正方角材鋸切成八角接近圓柱形，降低木料的旋轉震動率及縮短車製成圓柱形的時間。

（二）技法

　　以六分厚度夾板依尺寸圖進行裁切，組合時窄邊材須留帶鋸條的寬度差空間，四分厚夾板為基座膠合六片等腰三角形夾板成 45 度，底部釘上木導條與定位條並銑出兩條平行溝槽，鎖上蝶帽螺絲二組，便利配

合角材尺寸調整尺寸。

（三）形式內容

1. 材質

四分與六分厚度夾板加上實木導條及蝶帽螺絲二組。

2. 操作模式

車床車製圓柱前，方角材可先鋸成八角柱形，再車製，能降低事故發生。

課程上一時所需的簡易式製作，達到了安全操作，但不美觀（圖4-303），缺口處容易被鋸切。本輔具修正缺點，提升設定與操作便利性（圖4-304），鋸切前先在角材端繪出所需的圓徑，放入輔具再調整到定位及護桿高度（圖4-305），左手扶住角材，右手持助推板推進（圖4-306），需鋸切四次方能呈八角柱形角材（圖4-307）。

圖4-303　簡易式但不美觀

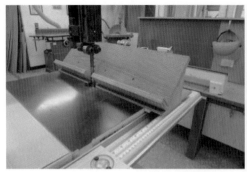

圖 4-304　修正缺點，提升設定與操作便利性

圖 4-305　放入輔具比對適當尺寸

圖 4-306　左手扶住角材，右手持助推板推進

圖 4-307　需鋸切四次

3. 適用：帶鋸機

二十、帶鋸定距加高靠座（圖4-308）尺寸圖（圖4-309）

圖 4-308　帶鋸定距加高靠座，2017 年 3 月 14 日

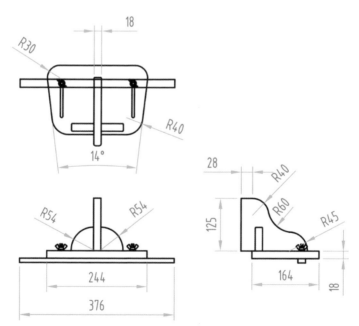

圖 4-309　帶鋸定距加高靠座尺寸圖

（一）理念

概念如同帶鋸加高靠座，兩款可結合使用，此輔具為可調動式設計配合板材寬度操作。

（二）技法

以六分厚度夾板依尺寸圖鋸切各板材，與透過震盪砂帶機研磨曲線各零件板，底板銑出兩條平行溝槽，鎖上二左蝶帽螺絲並釘上木導條，最後上膠組合成型，形式尺寸可依各機器的導板調整製作。

（三）形式內容

1. 材質

六分厚度夾板加上實木導條及蝶帽螺絲二組。

2. 操作模式

板材厚度切剖時，可加高靠板高度，增加安全性、穩定性及精準度，降低危險發生。

導條對準帶鋸機導槽置入（圖 4-310），放鬆蝶帽螺絲，以板材比對或刻度尺量測所需尺寸距離再鎖緊，移動導板讓板材有依靠時操作更安全（圖 4-311），由側視比對可以察覺（圖 4-312），移開導板改置入帶鋸加高靠座與本輔具結合，可剖切更寬板材，以及更準確且安全操作（圖 4-313）。

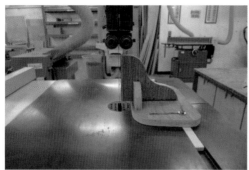

圖 4-310　　置入導槽

圖 4-311　　板材依靠時操作更安全

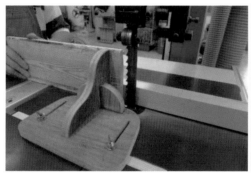

圖 4-312　　側視板材居中

圖 4-313　　帶鋸加高靠座與本輔具結合

3.適用：帶鋸機

二十一、圓鋸靠板防回彈羽毛座（圖4-314）尺寸圖（圖4-315）

圖 4-314　圓鋸靠板防回彈羽毛座，2017 年 3 月 15 日

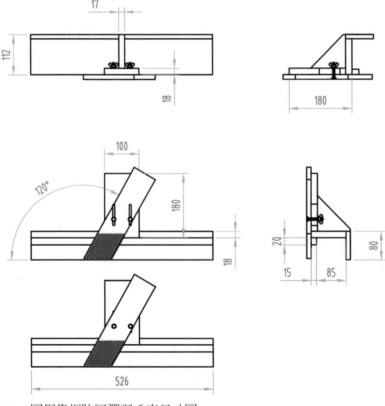

圖 4-315　圓鋸靠板防回彈羽毛座尺寸圖

（一）理念

利用圓鋸機靠板延伸設計，可快速且精準定位，增進安全。

（二）技法

裁切四分與六分厚度夾板，尺寸依圖面再加固定一片居中的立板並銑出二溝槽，此基座的內徑寬度因廠牌不同，可以微調整尺寸。使用中硬度以上的實木材質，依尺寸圖備料，並以圓鋸機或線鋸機鋸出各溝槽，再以修邊機銑出兩條穿透溝安裝於輔具基座立板上，並鎖上蝶帽螺絲。

（三）形式內容

1. 材質

四分與六分厚度夾板，中硬度以上的實木及兩組蝶帽螺絲。

2. 操作模式

套入圓鋸靠板（靠板寬高可依機種不同調整），以 F 夾固定，設定羽毛板與板材碰觸高度以防回彈，即可進行鋸切。

首要校正鋸片與檯面直角與高度，輔具套入導板並移動至所定的距離，置入板材設定立式羽毛板微壓材料，防回彈羽毛板水平置入槽溝，放鬆蝶帽螺絲並移動微壓板材（圖 4-316），再鎖緊蝶帽螺絲，附上特寫照如圖 4-317。鋸切大板材更需如此設定，若大量裁切相同寬度，則結合寬型握式助推板操作上，如圖 4-318 設定，更是如虎添翼。

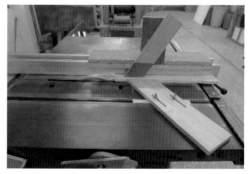

圖 4-316　垂直與水平都需微壓板材

圖 4-317　特寫照　　　　　　　　　圖 4-318　結合寬型握式助推板操作

3. 適用：圓鋸機、裁板機、手壓鉋機

二十二、線跳鋸圓套座（**圖4-319**）尺寸圖（**圖4-320**）

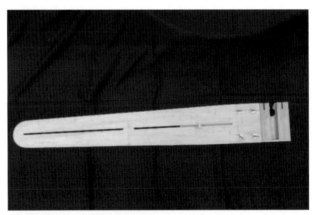

圖 4-319　線跳鋸圓套座，2017 年 3 月 18 日

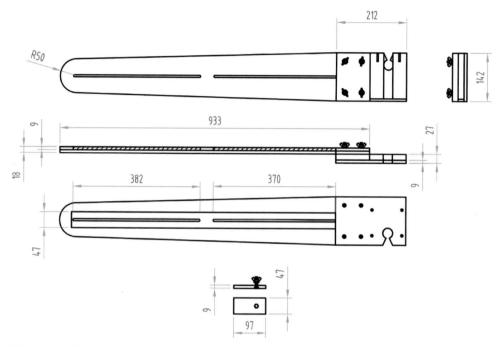

圖 4-320　線跳鋸圓套座尺寸圖

（一）理念

　　由圓規的概念延伸，配合手提線鋸機執行圓雛型線切割，也可以結合形銑橢圓基座，可形鋸橢圓雛型。

（二）技法

　　鋸切六分厚度夾板爲基座並銑洗二穿透長溝，底部膠合三分厚度夾板圍出一長形內溝，讓圓心定位板滑動，外型以設計圖爲要，端頭依各廠牌的底座製作可抽取式夾座結合。

（三）形式內容

1. 材質

　　三分與六分厚度夾板，加上五組蝶帽螺絲。

2. 操作模式

利用修邊形銑大圓套座改裝而成手提線鋸機使用，不需畫線，可快速粗鋸圓雛型板材，提升安全。

本輔具配合德製品牌的線鋸機底板製作夾座與圓規組合（圖4-321），以四組蝶帽螺絲鎖定方便替換機種（圖4-322），跳切圓形雛板可使用圓心定位板直接釘圓心操作，若結合形銑橢圓基座即進行橢圓線跳鋸切橢圓雛型（圖4-323）。

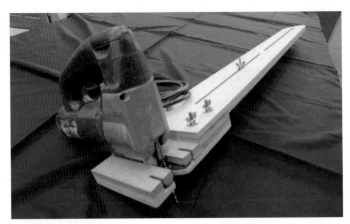

圖 4-321　夾座與圓規組合

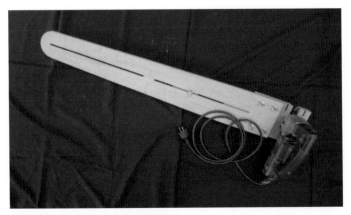

圖 4-322　蝶帽螺絲鎖定方便替換機種

圖 4-323　結合形銑橢圓基座即進行橢圓線跳鋸切

3. 適用：手提線鋸機

二十三、定尺量切推具（圖**4-324**）尺寸圖（圖**4-325**）

圖 4-324　定尺量切推具，2017 年 4 月 19 日

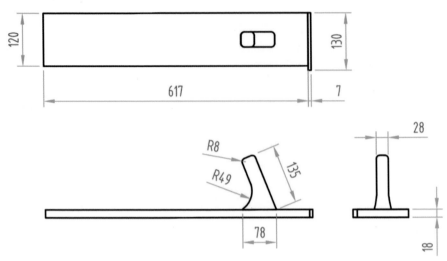

圖 4-325　定尺量切推具尺寸圖

（一）理念

　　一款便利裁切多量同尺寸厚度的推具，達到安全性、舒適且容易操作的握把。

（二）技法

　　握把以中硬度以上實木製作研磨，由六分厚度夾板依尺寸裁切勾動板，再將握把膠合在勾動板適當的位置，並鎖上螺絲加以牢固，後端鎖上定位止木條，以防後續更換。

（三）形式內容

1. 材質

　　中硬度以上實木與六分厚度夾板製作。

2. 操作模式

　　類似大型握式寬型助推板，側勾方便帶動板材鋸切，設定所需尺寸，再緊依靠板進退，可安全裁切多片相同厚度的薄片或條材。

依慣例操作前需校正鋸片直角角度，放置助推板移動與導板密合（圖4-326），調整到所需尺寸並鎖定導板，將板材與助推板緊依再行鋸切（圖4-327），以左手協助同時並行推進（圖4-328），透過實際操作改進版本（圖4-329），安全壓住板材以防翹起與回彈。

圖 4-326　放置助推板移動與導板密合　　圖 4-327　與助推板密合再行鋸切

圖 4-328　左手協助同時並行推進　　圖 4-329　進階版本

3. 適用：圓鋸機、裁板機

二十四、手壓鉋（弧）靠座（圖4-330）尺寸圖（圖4-331）

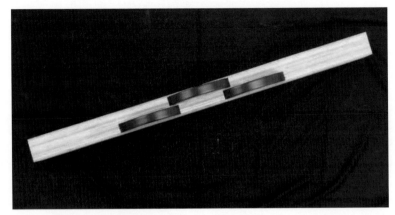

圖 4-330　手壓鉋（弧）靠座，2017 年 11 月 20 日

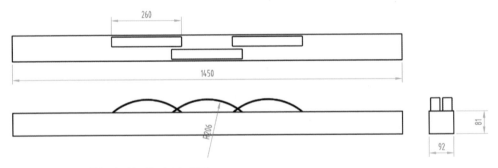

圖 4-331　手壓鉋（弧）靠座尺寸圖

（一）理念

便利多量刨削板材厚度的平整，但厚度需一致，方可設定操作。利用塑膠片的彈性讓板材自動服貼導板，減少手部側壓的危險。

（二）技法

多片六分厚度夾板膠合，各鋸切正負 30 度溝槽，再插入塑膠片不膠合，方便替換新品，上下再貼合一片夾板當保護板。

（三）形式內容

1. 材質

六分厚度夾板與 4cm 寬 3mm 厚度的塑膠片。

2. 操作模式

利用多片塑膠板條彎弧後的彈性，凸於靠板，先校正機台靠板直角，調整略小於所需板材厚度，如此方有彈性緊度，適合大量刨削使用，增加安全性。

先設定校正導板與工作平台呈直角，再移動導板至所需位置（圖 4-332），並在刀具左右邊各放置一片欲刨的板材。放置輔具後慢慢推進輔具微壓板材（圖 4-333），並使用夾具鎖定前後端邊，所有安全設定完成後即可進行操作（圖 4-334）。若板材較低矮，可使用板形助推板（圖 4-335）進行，教學時可讓學生安心安全操作（圖 4-336）。

圖 4-332　移動導板至所需位置　　圖 4-333　慢慢推進微壓板材

圖 4-334　設定完成後即可操作　　　　圖 4-335　低矮板材可使用板形助推板

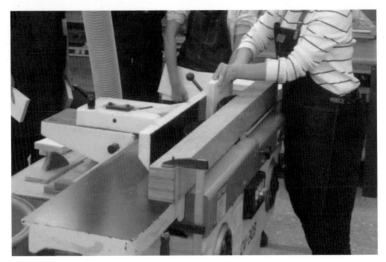

圖 4-336　可讓學生安心安全操作

3. 適用：手壓鉋機

二十五、手壓鉋（羽毛）靠座（圖4-337）尺寸圖（圖4-338）

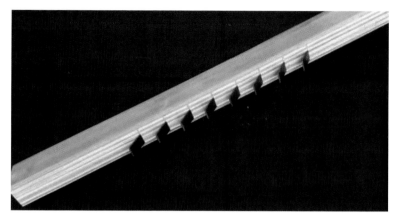

圖 4-337　手壓鉋（羽毛）靠座，2017 年 4 月 27 日

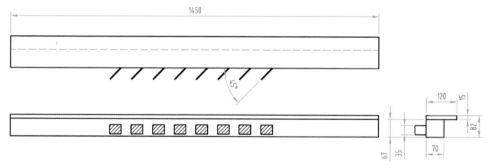

圖 4-338　手壓鉋（羽毛）靠座尺寸圖

（一）理念

　　多量刨削側面厚度時使用，厚度一致時方可進行設定，利用塑膠片的彈性讓板材自然服貼於導板，降低手部側壓的危險。

（二）技法

　　多片六分厚度夾板膠合，鋸切 45 度向前溝槽（如羽毛板）再插入塑膠片不膠合，方便替換新品。

（三）形式內容

1. 材質

六分厚度夾板與 4cm 寬 3mm 厚度塑膠片。

2. 操作模式

利用多片塑膠板條的彈性，以等距向前順向角度排列（類似羽毛板），可避免材料回彈，先校正機台靠板直角，調整略小於所需板材厚度，如此方有彈性緊度，適合大量刨削使用，增加安全性。

調整導板到所需位置（圖 4-339）並校正導板與工作平台呈直角，於刀具前後各放置一片欲刨厚度的板材，將輔具慢慢推進微壓板材（圖 4-340），再使用夾具鎖定前後端邊（圖 4-341），所有安全設定完成後可開機試轉，若沒問題後即可進行操作（圖 4-340）。

圖 4-339　調整導板到所需位置

圖 4-340　將輔具慢慢推進微壓板材

圖 4-341　使用夾具鎖定前後端邊

圖 4-342　設定完成試轉後即可進行操作

3. 適用：手壓鉋機

二十六、立鑽孔扣座（圖4-343）尺寸圖（圖4-344）

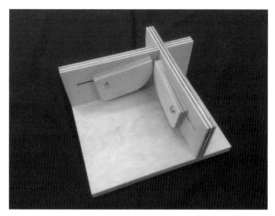

圖 4-343　立鑽孔扣座，2018 年 10 月 15 日

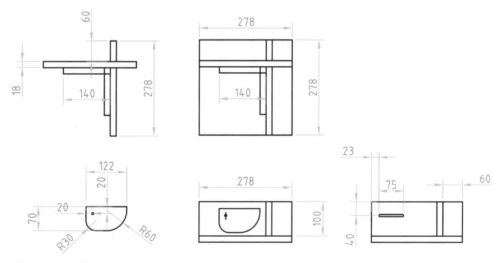

圖 4-344　立鑽孔扣座尺寸圖

（一）理念

　　立鑽孔活頁式夾座的改良版，十字扣形式可快速定位與鑽孔操作，可鑽較大徑角材。

（二）技法

　　六分厚度夾板為基座，與利用十字接法作成直角 L 形立牆膠合鎖定，各銑出一條穿透槽溝，再依尺寸圖裁切研磨成刀形旋轉固定板二片並各鑽一小孔，最後與立牆穿透槽鎖上蝶帽螺絲。

（三）形式內容

1. 材質

兩組蝶帽螺絲與六分厚度夾板。

2. 操作模式

十字形牆加上橫直各一片弧開板，先拉開調整扣緊尺寸，下壓扣緊，放置於鑽孔機工作檯，以 F 夾固定，即可鑽取孔洞。

鑽頭鎖好並將輔具置放於工作平台，調整所需高度與中心點位置並以夾具鎖定（圖 4-345），打開刀形旋轉固定板放入角材並下壓夾緊（圖 4-346），第二夾角依序（圖 4-347），待定位完整後即可進行鑽製，此時需分次鑽孔讓木屑順勢排出以免卡緊鑽頭（圖 4-348）。待穿透後插入銅管兩端頭以整平鑽刀銑平，即可上車床車製木筆外部造形，再套入相關零件組裝，一組具特質的好筆便完成（圖 4-349）。

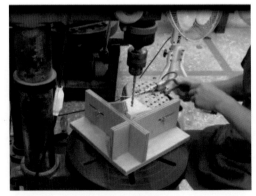

圖 4-345　定位後以夾具鎖定

圖 4-346　夾角刀形板下壓夾緊

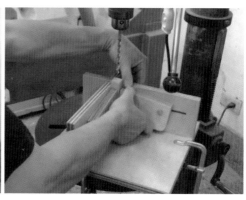

圖 4-347　第二夾角依序

圖 4-348　分次鑽製以免卡死

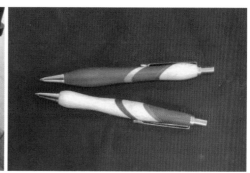

圖 4-349　一組具特質的好筆

3. 適用：鑽孔機、手提電鑽

二十七、修邊機任意角銑台（圖4-350）尺寸圖（圖4-351）

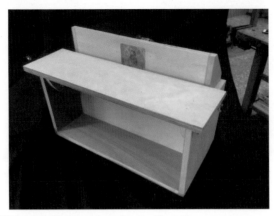

圖 4-350　修邊機任意角銑台，2018 年 11 月 4 日

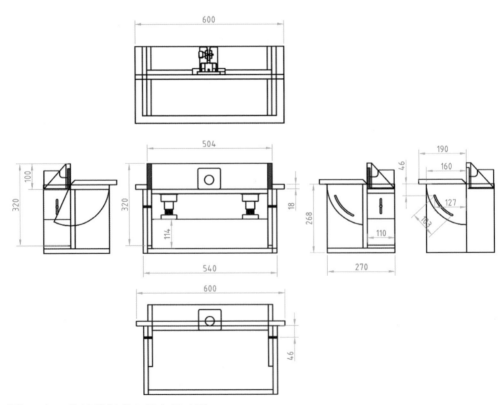

圖 4-351　修邊機任意角銑台尺寸圖

（一）理念

翻轉修邊機具備水平銑洗功能，多角度操作設定。

（二）技法

主箱體以六分厚度木心板依圖裁切組合，六分夾板長邊材45度斜角爲工作檯面，另以修邊機形銑二分之一圓再切半，兩片多銑二弧穿透溝槽結合成翻轉桌面，水平修邊座由六分夾板按尺寸圖鋸切組合，銑出套座外徑並結合，底部鎖上兩支調整腳座讓水平修邊座可以調升降，側面加入蝶帽螺絲方便鎖定。

（三）形式內容

1. 材質

六分厚度木心板與夾板爲製作主體，加上一個修邊機套筒與蝶帽螺絲及櫃體結合螺絲各二組，兩支塑膠調整腳。

2. 操作模式

修邊機倒裝銑台進階型，修邊機橫置可升降，工作平台可調整角度，利用升降與角度調整，可橫銑洗板料，減少板材立銑的擺動。

修邊機倒裝銑台與盒用45度內溝銑座的結合構想再生工作檯面翻轉點子，增加操作功能（圖4-352），減少板材立銑難度，操作前先安裝所需的銑刀再置放入套筒設定高度並鎖緊，橫銑半溝槽需有止木定位（圖4-353）。若45度接合銑內溝，只需調升翻轉工作面呈45度（圖4-354），裝上修邊直刀即可平穩操作。

圖 4-352　修邊機倒裝銑台與盒用 45 度內溝銑座組合

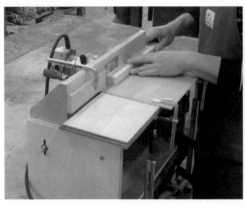

圖 4-353　橫銑半溝槽需有止木定位　　　圖 4-354　45 度接合銑內溝只需調升翻轉
　　　　　　　　　　　　　　　　　　　　　　　　　　工作面

3. 適用：修邊機

二十八、立鑽孔夾座（圖4-355）尺寸圖（圖4-356）

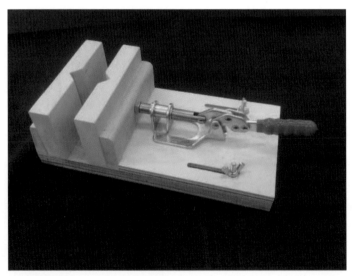

圖 4-355　立鑽孔夾座，2018 年 11 月 4 日

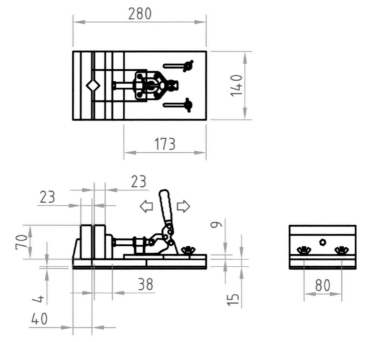

圖 4-356　立鑽孔夾座尺寸圖

（一）理念

　　立鑽孔活頁式夾座與立鑽孔扣座的概念整合，擴增使用度，適合更大徑角材直立鑽孔。

（二）技法

　　以尺寸圖使用六分厚度夾板為基座，四分夾板為滑動座並銑出兩條平行穿透溝槽，夾具以中硬度以上實木依圖製作，前段與基座上膠鎖定，後段與滑動座組合，兩座以蝶帽螺絲結合，最後鎖上扣具於滑動座上即可。

（三）形式內容

1. 材質

中硬度以上實木，四分與六分厚度夾板加上扣具，及兩組蝶帽螺絲。

2. 操作模式

以制式扣具加以設計使用，利用可扣緊功能，方便扣緊省力，兩夾板各有一直角缺口，方便固定材料（方柱、圓柱）放置於鑽孔機工作檯，以 F 夾固定，即可鑽取孔洞。

選擇所需鑽頭鎖緊，放鬆蝶帽螺絲，調整滑動座夾緊角材並鎖緊螺絲，以角材中心對準鑽心後以夾具固定於工作面（圖 4-357），即可進行操作。

圖 4-357　夾具固定於工作面

此時需分次鑽孔讓木屑順勢排出以免卡緊鑽頭（圖 4-358），待穿透後置入銅管兩端頭以整平鑽刀銑平，就可上車床車製木筆造形，再組合相關零件後，完成一組好樣的筆（圖 4-359）。

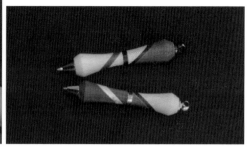

圖 4-358　分次鑽孔避免卡緊鑽頭　　　圖 4-359　一組好樣的筆

3. 適用：鑽孔機、手提電鑽

二十九、圓鋸軌槽切座（圖4-360）尺寸圖（圖4-361）

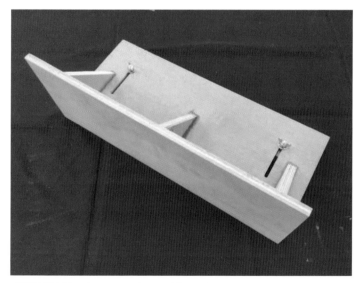

圖 4-360　圓鋸軌槽切座，2018 年 12 月 8 日

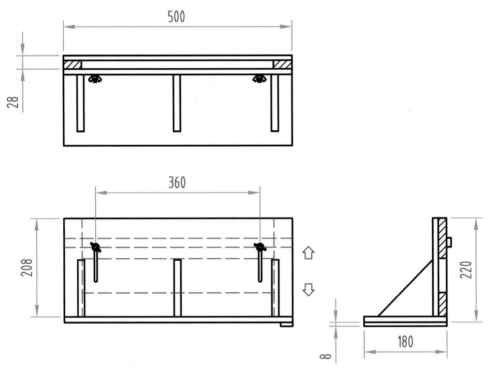

圖 4-361　圓鋸軌槽切座尺寸圖

（一）理念

　　圓鋸靠板輔助切座的改良版，置入工作檯面導槽就不需移動導板，可以輕巧操作。

（二）技法

　　使用四分厚度夾板依尺寸圖鋸切，組合成直角 L 形，再以等腰三角形夾板固定，底部由修邊機銑出兩條平行穿透槽溝，並以六分板加厚，方便鎖上蝶帽螺絲與底部加鎖木導條的移動滑座結合。

（三）形式內容

1. 材質

四分與六分厚度夾板，以及實木條與蝶帽螺絲二組。

2. 操作模式

導條置入圓鋸機平台導槽，可進退鋸切，以 F 夾或扣具固定木料，提升安全性。

每次操作前須校正好鋸片角度並調到所需高度，導條對準導槽置入，放鬆蝶帽螺絲到定位後再鎖緊（圖 4-362），將角材靠緊定位木條以夾具鎖緊（圖 4-363），手扶三角支撐座進行第一面鋸切（圖 4-364），轉面依序進行第二面鋸切（圖 4-365）。

圖 4-362　放鬆蝶帽螺絲到定位後再鎖緊　圖 4-363　靠緊定位木條

圖 4-364　進行第一面鋸切　圖 4-365　轉面依序進行第二面鋸切

3.適用：圓鋸機

三十、推台用盒角楔片切座（圖4-366）尺寸圖（圖4-367）

圖 4-366　推台用盒角楔片切座，2020 年 7 月 22 日

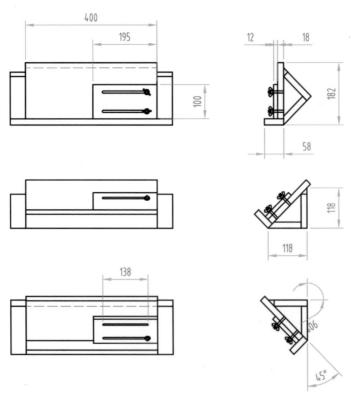

圖 4-367　推台用盒角楔片切座尺寸圖

（一）理念

　　盒角楔片切座的改良版，可與輔助推台結合操作，增加使用的選擇性與安全。

（二）技法

　　以六分厚度夾板依圖裁切一長一短組合成直角 L 形，短材一長邊需切成 45 度斜邊，再以六分厚度夾板依圖裁切組合成直角 L 形當倚座，以上一起結合，最後使用四分夾板預銑出兩條平行溝槽與倚座鎖上蝶帽螺絲組合成滑動定位板。

（三）形式內容

1.材質

　四分與六分厚度夾板，加上兩組蝶帽螺絲。

2.操作模式

　需與圓鋸助推台套用，以 F 夾固定，90 度 V 槽設計，設定定位止木板，進行溝槽鋸切，溝槽寬度可自訂，適合木盒製作使用。

　校正鋸片角度與工作面呈直角，置入輔助推台將本輔具緊靠推台並以夾具鎖定（圖 4-368），放鬆蝶帽螺絲調整滑動定位板到所需距離再鎖緊（圖 4-369），此時將物件緊靠定位板即可推動輔助推台鋸切楔片溝槽（圖 4-370），若是木盒則需進行八次鋸切，各溝距離可自訂，方能形成木盒角度的趣味線段（圖 4-371）。

圖 4-368　輔具緊靠推台並以夾具鎖定

圖 4-369　調整所需距離

圖 4-370　推動輔助推台鋸切楔片

圖 4-371　趣味線段的木盒

3. 適用：圓鋸助推台

三十一、箱盒矯正夾座（圖4-372）尺寸圖（圖4-373）

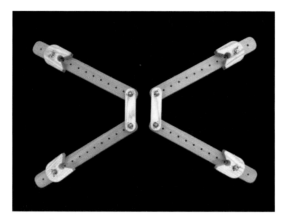

圖 4-372　箱盒矯正夾座，2017 年 3 月 28 日

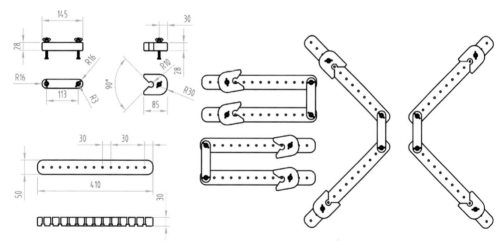

圖 4-373　箱盒矯正夾座尺寸圖

（一）理念

便利框或箱體角度矯正，提升準確性，隨箱體尺寸調整扣座位置。

（二）技法

基座使用中硬度以上實木，按尺寸圖備料並鑽出相等距離之孔洞共四支，製作兩支相同尺寸的連結桿，兩端各鑽一孔洞，併連結成二組，再依圖使用不同樹種木材形成色差，鋸切研磨鑽孔後再切出如圖角度，以上材料邊緣全部使用修邊機以 R 刀銑削成 R 角，最後以蝶帽螺絲鎖入組合成本輔具。

（三）形式內容

1. 材質

兩種有色差的中硬度以上實木，加上八組蝶帽螺絲。

2. 操作模式

兩組自由開合多孔角條加上角度扣緊座，先略扣緊箱或盒四角，使用 F 夾，夾緊交叉轉角，再量測對角線尺寸，若相同即符合正方形、正長方形或正梯形。

輔具放置工作桌上並張開到所需大小（圖 4-374），可與箱角夾緊組組合使用（圖 4-375），最後以夾具鎖緊連結桿（圖 4-376），檢查每一個端角是否密合並調整，也可以翻轉讓箱角夾緊組置於下方再使

圖 4-374　張開到所需大小

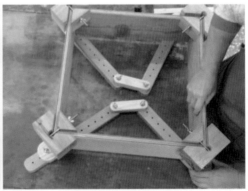

圖 4-375　與箱角夾緊組組合使用

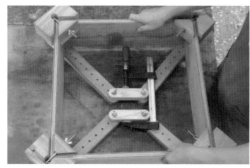 

圖 4-376　以夾具鎖緊連結桿　　圖 4-377　箱角夾緊組置於下方

　　用本輔具夾緊（圖 4-377），並且仍需檢查每一個端角是否密合並調整。

3. 適用：F 夾及徒手操作

三十二、箱角（**90度**）夾緊組（**圖4-378**）尺寸圖（**圖4-379**）

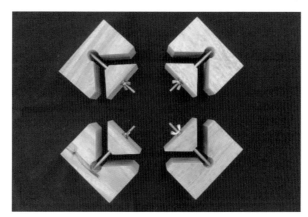

圖 4-378　箱角（90 度）夾緊組，2017 年 4 月 19 日

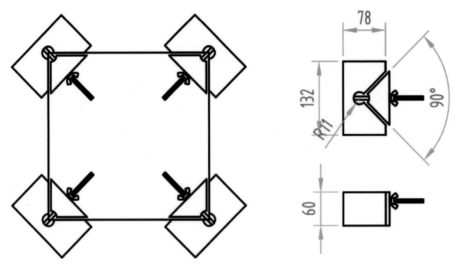

圖 4-379　箱角（90 度）夾緊組尺寸圖

（一）理念

　　一組四個便利組合框或箱體時的定位與校正。

（二）技法

　　中硬度以上實木角材操作手壓鉋機刨削到圖面尺寸，再裁切成相同長度四段，先在圖面所標圓心鑽出孔洞，側面鑽出蝶帽螺絲孔位，設定鋸片角度成 45 度，使用輔助推台以止木定好距離，左右各切一刀，分離成凹角與凸角，最後穿入蝶帽螺絲鎖緊即可。

（三）形式內容

1. 材質

中硬度以上實木與長形蝶帽螺絲四組。

2. 操作模式

　　（90 度）夾緊座一組四個，適合正方形或正長方形使用，利用外 90

度與內 90 度各一，加上長螺絲，可夾緊箱角，方便固定或膠合。

鬆開蝶帽螺絲，套入兩片端角已裁切成 45 度的板材後鎖緊蝶帽螺絲
（圖 4-380），此為第一角，第二（圖 4-381）、三、四（圖 4-382）
角依此類推，將夾緊座置於下方操作（圖 4-383），方式相同。

圖 4-380　蝶帽螺絲套入兩片端角

圖 4-381　方法相同的一端角

圖 4-382　依此類推

圖 4-383　夾緊座置於下方操作

3. 適用：徒手操作

三十三、推緊扣具（圖4-384）尺寸圖（圖4-385）

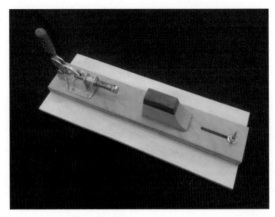

圖 4-384　推緊扣具，2020 年 2 月 7 日

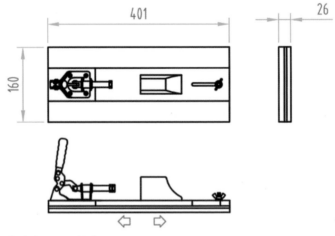

圖 4-385　推緊扣具尺寸圖

（一）理念

　　不須開模鑄造，加一些巧思就能以木工製作技術解決工具需求。

（二）技法

四分夾板裁切當底座，相同的四分板依尺寸圖再鋸切，推緊扣具底座與基座膠合並鎖定推緊扣具，另一片銑出一條穿透溝槽再鎖上蝶帽螺絲做成滑動板，上方膠合鎖定依尺寸製作的實木擋壓座。

（三）形式內容

1. 材質

四分厚度夾板加有配色的實木，與推緊扣具及蝶帽螺絲各一組。

2. 操作模式

以制式扣具加以設計使用，利用可扣緊功能，方便扣緊省力，組裝木車筆可用。

將推緊扣具以夾具鎖定於工作面上（圖4-386），先縮出推具頭再放鬆蝶帽螺絲往後滑大距離至可推緊木筆定位並鎖緊（圖4-387），頭尾對齊後（圖4-388）扳動推具到推緊為止，接著組裝後續零件（圖4-389），即是一款自製木筆（圖4-390）。加入量身訂做的金屬裝飾，成為頗具個性特色的高級套筆一對（圖4-391）。

圖4-386　以夾具鎖定於工作面上　　圖4-387　往後滑大距離

圖 4-388　頭尾對齊

圖 4-389　組裝後續零件

圖 4-390　一款自製木筆

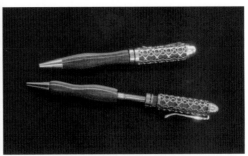

圖 4-391　金屬裝飾頗具個性特色

3. 適用：徒手操作

第四節
套裝輔具
一

前述三節共六十二件安全輔具，依理念、技法、形式內容等，作完整分析。本節就可套裝操作增加安全延伸性可能的輔具，詳述如下。

一、修邊機倒裝銑台（圖4-392）＋盒角鳩尾銑具（圖4-393）

圖 4-392　修邊機倒裝銑台　　　　　　圖 4-393　盒角鳩尾銑具

（一）理念

倒裝增添修邊機操作變化，擴增附屬導板運用，結合盒角鳩尾銑具，多樣的銑刀讓箱盒四端角更趣味盎然，豐富設計質感。

（二）技法

倒裝銑台的箱體以六分厚度木心板依尺寸圖鋸切組合，工作面則使用六分厚度夾板裁切，鑽出一孔與銑一弧線溝，中間偏上以手握修邊機形銑套筒外徑並嵌入夾板再與箱體結合，最後使用中硬度以上實木按尺寸圖刨製一支導引操作的靠板，鑽出二孔洞並鎖上蝶帽螺絲即可。

鳩尾銑具依尺寸圖鋸切製作套入導板的走槽，再裁切木心板組合成V形直角凹槽，底部以等腰三角形板材支撐固定，加強完整結構。

（三）形式內容

1. 材質

六分厚木心板與六分厚夾板，中硬度以上實木及蝶帽螺絲二組，加上

修邊機套筒一個。

2. 操作模式

製作木盒時端角美化創意多元，可以方栓斜接[7]、角度斜接、花式斜接
或是鳩尾鍵片斜接[8]等，各有巧妙的美感，透過盒角鳩尾銑具與倒裝
銑台運用，讓鳩尾工法操作達到完美。

銑台以夾具鎖定於工作面上，修邊機裝上所需角度的鳩尾銑刀，倒
插入套筒中並調好銑刀高度與距離，將鳩尾銑具導槽置入靠板（圖
4-394）。檢查刀前（圖 4-395）與刀後（圖 4-396）距離，測好位
置再固定止木，經過試刀無誤以後，便可進行盒角銑洗鳩尾槽（圖
4-397），端角上下共八次，上漆後便是透過鳩尾接呈現的裝飾木盒
（圖 4-398），盒高度的中段可再加銑，共四次。

圖 4-394　鳩尾銑具導槽置入靠板

7　楊明津、林東陽，《家具結構模型之設計與製作》，臺北市：六合出版社，1998
　　年，頁 63。

8　同前註，頁 62。

圖 4-395　刀前檢查

圖 4-396　刀後檢查

圖 4-397　進行盒角銑洗鳩尾槽

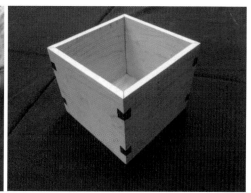

圖 4-398　透過鳩尾接呈現的裝飾木盒

3.適用：修邊機倒裝

二、圓鋸機助推台（圖4-399）＋推台止木微調具（圖4-400）

圖 4-399　圓鋸機助推台　　　　　圖 4-400　　推台止木微調具

（一）理念

　　復刻版輔助推台，適當的尺寸與操作重量及滑順度，多式的操作設定，充裕的樣貌展現，組合止木微調具增進鋸切準確性，提升整體完整質感與細緻度。

（二）技法

　　輔助推台的前後兩片實木板材依尺寸圖裁切銑出 R 角，後靠板鎖上鋸片出刀護塊，依尺寸圖鋸切五分厚度夾板為基座，前後上膠鎖上實木板，需校正鋸路與後靠板是否為直角，基座與圓鋸機接觸的底面鎖上兩條木導條，即是安全操作輔具。

　　止木微調具依設計圖使用圓鋸機裁切 12mm 厚度夾板，長邊膠合成 L 形待用，備 30×30×126mm 實木切成 50mm 與 73mm 各一，50mm 材鑽穿透孔放入長螺絲，螺頭膠合一片 7mm 有中孔實木再膠合於 L 形夾板，73mm 材於側邊銑一長形穿透橢圓孔並與 50mm 材組合，置入螺絲並鎖上蝶帽螺絲，可伸縮式微調。

（三）形式內容

1. 材質

四分與五分厚度夾板，2.5cm 厚實木二片與 4.5cm 鋸片護板，中硬度以上的實木加兩條木導條與依喜好的木材色配色，兩支長螺絲外加一個蝶帽螺絲。

2. 操作模式

大量或定位鋸切時固定止木的準確度取決於多因素，止木微調具的微調功能讓定位精準又快速且便利。

校正圓鋸機鋸片與工作面呈直角，輔助推台的導條置入導槽，將止木微調具緊靠推台靠板並調好與鋸片的距離，再以夾具固定（圖4-401），調整鋸片高於木料切斷厚度 3～5mm，先切第一刀測試是否為正確距離（圖 4-402），若有誤，此時放鬆蝶帽螺絲後，以螺絲起子調旋後方，讓止木前後伸縮微調後再鎖緊（圖 4-403），正確後即可多量鋸切（圖 4-404）。

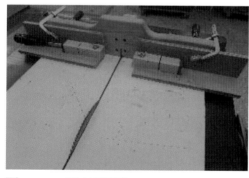

圖 4-401　以夾具固定

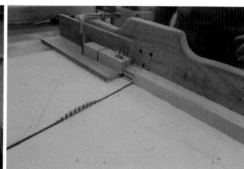

圖 4-402　測試是否為正確距離

圖 4-403　伸縮微調後再鎖緊　　　圖 4-404　正確後即可鋸切

3. 適用：圓鋸機

三、圓鋸機助推台（圖4-405）＋切榫扣具（圖4-406）

圖 4-405　圓鋸機助推台　　　圖 4-406　切榫扣具

（一）理念

　　復刻版輔助推台，適當的尺寸與操作重量及滑順度，多式的操作設定，充裕的樣貌展現，連結切榫扣具穩定榫頭立切的安全與準確性。

（二）技法

　　輔助推台的前後兩片實木板材依尺寸圖裁切打 R 角，後靠板鎖上

鋸片出刀護塊，依尺寸圖鋸切五分厚度夾板為基座，前後上膠鎖上實木板，需校正鋸路與後靠板是否為直角，基座與圓鋸機接觸的底面鎖上兩條木導條，即是安全操作輔具。

切榫扣具使用六分厚度木心板為主要基材，按尺寸圖裁切並組合成T形，再以等腰三角形做直角結構，於直角L形處各鎖上一組安全扣具。

（三）形式內容

1. 材質

五分厚度夾板與六分厚度木心板，2.5cm厚實木二片與4.5cm鋸片護板，兩條木導條加上安全扣具二組及螺絲組合。

2. 操作模式

方形榫卯強度大過後期的替代性工法，製作的樣式與方式多元，無論手工或機器加工，都希望完美呈現。節奏快速的現代，機器代勞轉為主流，切榫扣具是另一種選擇，結合輔助推台，人人可榫卯。

校正圓鋸機鋸片與工作面呈直角，輔助推台的導條置入導槽，將切榫扣具緊靠推台靠板（圖4-407）並調好與鋸片的距離，再以夾具固定（圖4-408），調整鋸片到所需高度並鎖定，打開扣具置入角材扣緊再進行鋸切（圖4-409），第二面依照前步驟方式（圖4-410），藉此即能進行貫穿方榫或止方榫[9]裁切，欲切除榫外圍多餘部分則另由其他工法處理橫切。

9　楊明津、林東陽，《家具結構模型之設計與製作》，臺北市：六合出版社，1998年，頁28。

圖 4-407　緊靠推台靠板

圖 4-408　以夾具固定

圖 4-409　扣緊角材再進行鋸切

圖 4-410 第二面依序照前步驟方式

3.適用：圓鋸機

四、修邊機倒裝銑台（圖4-411）＋盒用45度內溝銑座（圖4-412）

圖 4-411 修邊機倒裝銑台　　　圖 4-412 盒用 45 度內溝銑座

（一）理念

　　倒裝增添修邊機操作變化，擴增附屬導板運用，連結盒用 45 度內溝銑座的操作穩定支撐性，讓箱盒四端內角結構多端，保有外型的簡潔感受。

（二）技法

　　輔助推台的前後兩片實木板材依尺寸圖裁切打 R 角，後靠板鎖上鋸片出刀護塊，依尺寸圖鋸切五分厚度夾板為基座，前後上膠鎖上實木板，需校正鋸路與後靠板是否為直角，基座與圓鋸機接觸的底面鎖上兩條木導條，即是安全操作輔具。

　　內溝銑座先將三分夾板依尺寸圖裁切組合成 L 形，六分木心板長單邊鋸切成 45 度與 L 形內角膠合固定，再使用六分厚等腰三角形夾板支撐穩固。

（三）形式內容

1. 材質

六分厚木心板與三分及六分厚夾板，中硬度以上實木及蝶帽螺絲二組，加上修邊機套筒一個。

2. 操作模式

製作木盒時端角素化結構多樣，可以羽板斜接[10]、雙鳩尾栓木斜接、對稱舌槽斜接、舌槽斜接、S 形舌槽斜接[11]、鳩尾槽斜接[12]等，都屬於隱式結構及巧思運用，增添接合創意展現。

銑台以夾具鎖定於工作面上，修邊機裝上所需角度的銑刀，倒插入套筒中，將 45 度內溝銑座與靠板密合（圖 4-413），使用夾具鎖定並以板材比對銑刀高度與距離再進行試銑（圖 4-414），無誤後即可安全操作（圖 4-415），並檢視刀縫是否平直（圖 4-416），四個端角

10　楊明津、林東陽，《家具結構模型之設計與製作》，臺北市：六合出版社，1998年，頁 63。

11　同前註，頁 58。

12　同前註，頁 59。

共需銑洗八次，膠合後方能細部處理完整。

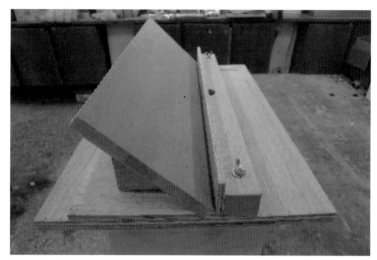

圖 4-413　內溝銑座與靠板密合

圖 4-414　進行試銑

圖 4-415　無誤後即可安全操作

圖 4-416　檢視刀縫是否平直

3.適用：修邊機倒裝

五、修邊形銑橢圓基座（圖4-417）＋修邊形銑圓套座（圖4-418）

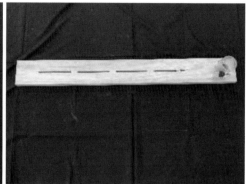

圖 4-417　修邊形銑橢圓基座　　　　圖 4-418　修邊形銑圓套座

（一）理念

　　以橢圓的兩個相異固定點距離之和為常數之點軌跡為概念，延伸出可以任意設定兩相異固定點之圓心基座，連接修邊機形銑圓套座加入圓規功能，安全銑洗大正橢圓形板材。

（二）技法

　　形銑橢圓基座以三分厚夾板為基座，六分厚夾板的一長邊先裁切75度斜角再分切成四片正方形，膠合釘在基座板上，需預留滑動條寬度，鋸切一條六分厚並符合滑動條寬度兩長邊各15度斜角夾板，再切成10cm中心處鑽出一孔鎖上長蝶帽螺絲，套入滑槽後試試順暢性。

　　形銑圓套座由五分厚度夾板鋸切為基座，底部緣邊圍出口字形便利於圓心定位板移動定圓心，端位以修邊機銑出套筒外徑並鎖緊固定，另外裁切一片五分板作為圓心板使用。

（三）形式內容

1. 材質

三分、五分與六分厚夾板，加上修邊機套筒及蝶帽螺絲三組。

2. 操作模式

製作橢圓大板材經尺寸設定繪製圖形，不外乎兩個相異固定點距離之和為常數之點軌跡的概念，形銑橢圓基座讓工序簡化，結合形銑圓套座，如虎添翼。

鬆開橢圓基座蝶帽螺絲，訂出所需長短半徑套入形銑圓套座並鎖緊螺絲（圖 4-419），移至欲銑洗橢圓板材，修邊機裝好直形銑刀插入套筒，即可進行外緣式逆時鐘銑洗。為了避免操作危險，建議分次調出銑刀長度、分次銑洗（圖 4-420）。

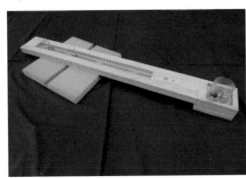 

圖 4-419　套入形銑圓套座並鎖緊螺絲　　圖 4-420　建議分次調出銑刀長度、分次銑洗

3. 適用：修邊機

六、鑽床任意角鑽座（圖4-421）＋固定圓柱V槽（圖4-422）

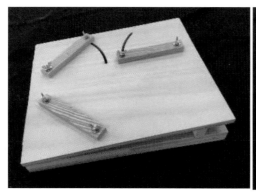 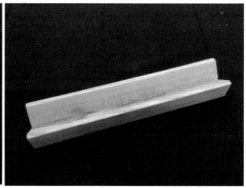

圖 4-421　鑽床任意角鑽座　　　　　圖 4-422　固定圓柱 V 槽

（一）理念

　　以一當十的任意角鑽座，移動滑座可設定所需的角度，組合固定圓柱 V 槽，鑽取單斜角與複斜角圓榫使用，解決圓柱形木料滾動的不定性，呈現多元結構角度。

（二）技法

　　任意角鑽座依設計圖使用圓鋸機裁切五分與六分夾板，兩條 4cm 寬六分板圍出移動滑座內徑，移動滑座以倒裝修邊機銑出兩條平行長溝槽，插入螺絲鎖上蝴蝶螺帽，上座板銑出兩弧線溝槽，鎖上定位止木條（如尺寸圖），再以蝴蝶鉸鏈連結成組，最後結合頂高木條，即是一組便利的任意角鑽座，單斜角與複斜角可用。

　　圓柱 V 槽以中硬度以上的實木材為主，依尺寸圖備料，製作上先設定圓鋸機鋸片為 45 度，高度為物料厚度三分之二，再設定導板與鋸片最高點距離至木料寬度中線，以上兩長邊各依導板鋸切一刀，即可完成圓柱 V 槽輔具。

（三）形式內容

1. 材質

使用五分與六分夾板結合八組蝶帽螺帽及一副蝴蝶鉸鏈，加中硬度以上的實木材。

2. 操作模式

圓柱形物件鑽孔的穩定性及角度設定的完備，完整度的細膩質感，讓成品相得益彰，雋永透澈。

將任意角鑽座放置於鑽床工作面上，調整木倚板呈一直線（圖4-423），與所需鑽座角度以夾具鎖定，圓柱V槽密合木倚板（圖4-424），柱形材放入V槽，調整鑽頭尖點對準V槽最低點，設定深度固定後（木材不可晃動）即可進行鑽圓（圖4-425），V槽可支撐柱形材不滾動跳起，以免造成危險，增加安全。本輔具也適用於角鑿機設定操作，操作技法無論垂直、單斜、複斜等，依支撐或設定都可執行。

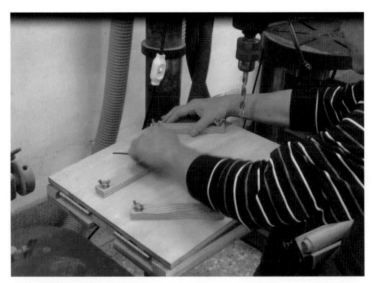

圖 4-423　調整木倚板呈一直線

圖 4-424　圓柱 V 槽密合木倚板

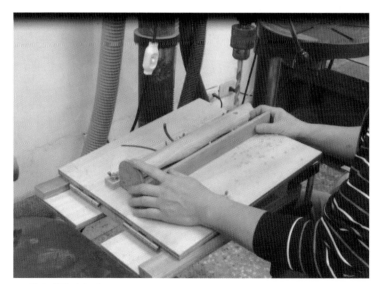

圖 4-425　進行鑽圓完成

3. 適用：鑽床、角鑿機、手提電鑽

七、圓鋸機助推台（圖4-426）＋圓形邊切座（圖4-427）

圖 4-426　圓鋸機助推台　　　　　　　　圖 4-427　圓形邊切座

（一）理念

　　復刻版輔助推台，適當的尺寸與操作重量及滑順度，多式的操作設定，充裕的樣貌展現，結合圓形邊切座支撐圓物件的鋸切，避免滾動產生危險，增加安全與準確性。

（二）技法

　　輔助推台的前後兩片實木板材依尺寸圖裁切打 R 角，後靠板鎖上鋸片出刀護塊，依尺寸圖鋸切五分厚度夾板為基座，前後上膠鎖上實木板，需校正鋸路與後靠板是否為直角，基座與圓鋸機接觸的底面鎖上兩條木導條，即是安全操作輔具。

　　圓形邊切座由圓鋸機裁切主要的基座與五角形支撐座板，震盪砂帶機研磨手握處的弧線，使用倒裝修邊機於支撐板銑出一條穿透長溝槽共兩片，並膠合移動用的定位木條，鎖上附蝴蝶螺帽的螺絲。

（三）形式內容

1. 材質

四分、五分與六分厚度夾板，2.5cm 厚實木二片與 4.5cm 鋸片護板，兩條木導條及兩組附蝴蝶螺帽直徑 6mm 的螺絲。

2. 操作模式

圓形物件呈現曲度感受，視覺特性強，柔度高，感性造形佳，展開木材質的多種樣態。

校正圓鋸機鋸片與工作面呈直角，輔助推台的導條置入導槽，圓形邊切座以夾具鎖定於推台靠板上（圖 4-428），放鬆左右蝶帽螺絲再調整支撐座板至所需位置並鎖緊螺絲，將圓柱物的外徑圓周以支撐座板為倚靠（圖 4-429），雙手扣緊助推台靠板即可鋸切，鋸切齒輪的設定方式相同（圖 4-430），邊切座輔具主要是讓圓形物件有良好的支撐與穩定性安全操作。

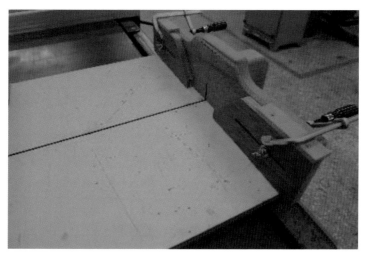

圖 4-428　以夾具鎖定於推台靠板上

圖 4-429　圓柱物的外徑圓周以支撐座板

圖 4-430　鋸切齒輪的設定方式相同

3. 適用：圓鋸機

八、修邊形銑橢圓基座（圖4-431）＋線跳鋸圓套座（圖4-432）

 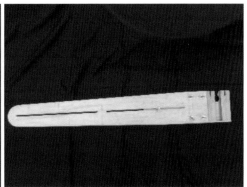

圖 4-431　修邊形銑橢圓基座　　　　圖 4-432　線跳鋸圓套座

（一）理念

　　以橢圓的兩個相異固定點距離之和爲常數之點軌跡爲概念，延伸出可以任意設定兩相異固定點之圓心基座，併合線跳鋸圓套座進行圓規功能，可大粗鋸雛型正橢圓板材。

（二）技法

　　形銑橢圓基座以三分厚夾板爲基座，六分厚夾板的一長邊先裁切75 度斜角再分切成四片正方形，膠合釘在基座板上需預留滑動條寬度，鋸切一條六分厚並符合滑動條寬度兩長邊各 15 度斜角夾板，再切成 10cm 中心處鑽出一孔鎖上長蝶帽螺絲，套入滑槽後試試順暢性。

　　線跳鋸圓套座需鋸切六分厚度夾板爲基座並銑洗兩穿透長溝，底部膠合三分厚度夾板圍出一長形內溝讓圓心定位板滑動，外型以設計圖爲要，端頭依各廠牌的底座製作可抽取式夾座結合。

（三）形式內容

1. 材質

三分與六分厚夾板加上蝶帽螺絲七組。

2. 操作模式

製作橢圓大板材，經尺寸設定繪製圖形，不外乎兩個相異固定點距離之和為常數之點軌跡的概念，組合線跳鋸圓套座可鋸出橢圓雛型，便利工序完成。

鬆開橢圓基座蝶帽螺絲，訂出所需長短半徑，套入線跳鋸圓套座並鎖緊手提線鋸機及螺絲（圖 4-433），移至欲鋸切橢圓板材，固定橢圓基座，啟動開關後依逆時針方向緩慢跳鋸切（圖 4-434），轉彎速度需配合跳鋸切削力道（圖 4-435）。

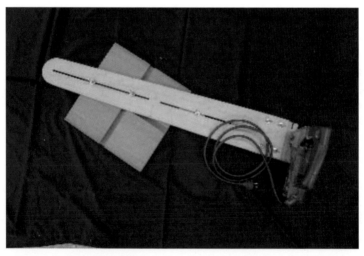

圖 4-433　鎖緊手提線鋸機及螺絲

圖 4-434　逆時針方向緩慢跳鋸切

圖 4-435　轉彎速度需配合跳鋸切削力道

3. 適用：手提線鋸機（跳鋸）

九、箱角（90度）夾緊組（圖4-436）＋箱盒矯正夾座（圖4-437）

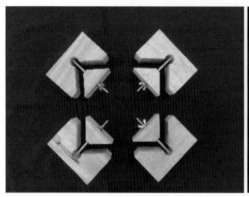 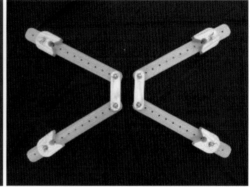

圖 4-436　箱角（90 度）夾緊組　　　　圖 4-437　箱盒矯正夾座

（一）理念

　　一式四組件，便利組合框或箱體時的定位與校正，與箱盒角度矯正提升準確性，隨物件尺寸調整扣座位置，增添大小通吃的可用性。

（二）技法

　　夾緊組由中硬度以上實木角材操作手壓鉋機刨削到圖面尺寸，再裁切成相同長度四段，先在圖面所標圓心鑽出孔洞，側面鑽出蝶帽螺絲孔位，設定鋸片角度成 45 度，使用輔助推台以止木定好距離，左右各切一刀，分離成凹角與凸角，最後穿入蝶帽螺絲鎖緊即可。

　　矯正夾座的基座使用中硬度以上實木按尺寸圖備料，並鑽出相等距離之孔洞共四支，製作兩支相同尺寸的連結桿兩端各鑽一孔洞，併連結成二組，再依圖使用不同樹種木材形成色差，鋸切研磨鑽孔後再切出如圖角度，以上材料邊緣全部使用修邊機以 R 刀銑削成 R 角，最後以蝶帽螺絲鎖入組合成本輔具。

（三）形式內容

1. 材質

　　兩種有色差的中硬度以上實木，與蝶帽螺絲長形四組及短形八組。

2. 操作模式

　　框與箱的組合流程工序順暢性，決定在板與板間的密合度，晃動率增加了難度，夾緊組與矯正夾座的相輔相成，愉悅了製作態度。

　　鬆開蝶帽螺絲套入兩片端角已裁切成 45 度的板材後鎖緊蝶帽螺絲（圖 4-438），此為第一角，第二、三（圖 4-439）、四角依此類推，最後再檢查所有夾緊組的緊度（圖 4-440），翻轉框體於桌面上，張開箱角夾緊組調整至適用大小（圖 4-441），左右各一組，最後以夾具鎖緊連結桿（圖 4-442），檢查每一個端角是否密合並調整到完成（圖 4-443）。

圖 4-438　放鬆蝶帽螺絲並套入　　　　圖 4-439　套好第三角夾

圖 4-440　檢查所有夾緊組的緊度

圖 4-441　張開箱角夾緊組並調整

圖 4-442　最後以夾具鎖緊連結桿

圖 4-443　檢查每一個端角是否密合並調整到完成

3.適用：徒手操作

十、圓鋸機助推台（圖4-444）＋推台任意角靠具（圖4-445）

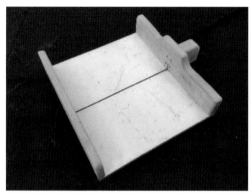
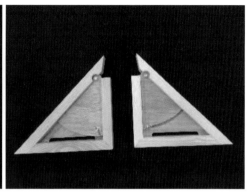

圖 4-444　圓鋸機助推台　　　　　　　圖 4-445　推台任意角靠具

（一）理念

　　復刻版輔助推台，適當的尺寸與操作重量及滑順度，多式的操作設定，充裕的樣貌展現，併組推台任意角靠具解決木料裁切 45 度至 90 度之簡便性操作與設定，增進角度的變化展現，增加安全與準確性。

（二）技法

　　輔助推台的前後兩片實木板材依尺寸圖裁切打 R 角，後靠板鎖上鋸片出刀護塊，依尺寸圖鋸切五分厚度夾板為基座，前後上膠鎖上實木板，需校正鋸路與後靠板是否為直角，基座與圓鋸機接觸的底面鎖上兩條木導條，即是安全操作輔具。

　　任意角靠具的實木 90 度角以三缺榫雙邊斜接製作，結合依設計圖鋸切與修邊機銑出的三分夾板鑲入實木角材，鎖上串聯螺絲與附蝴蝶螺帽螺絲，即是一款可裁切任意角的安全輔具。

（三）形式內容

1. 材質

五分厚度夾板，2.5cm厚實木二片與4.5cm鋸片護板，兩條木導條，實木與三分夾板加上蝶帽螺絲及板材用的串聯螺絲各二組。

2. 操作模式

方正垂直展現四平八穩，角度運用得宜，營造不平穩中的平穩，創造視覺新感受與姿態美感。

校正圓鋸機鋸片與工作面呈直角，輔助推台的導條置入導槽，將任意角靠具緊密助推台靠板並以夾具鎖緊（圖4-446），使用單個也可行。試調整角度順暢度（圖4-447），鬆開右邊任意角靠具蝶帽螺絲設定並直角鋸切操作（圖4-448），依左邊原有45度角測試鋸切（圖4-449）。

圖 4-446　以夾具鎖緊

圖 4-447　試調整角度順暢度

圖 4-448　直角鋸切操作

圖 4-449　45 度角測試鋸切

3.適用：圓鋸機

十一、圓鋸機助推台（圖4-450）＋推台用盒角楔片切座（圖 4-451）

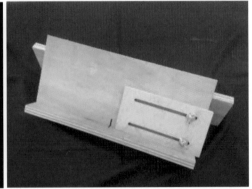

圖 4-450　圓鋸機助推台　　　　圖 4-451　推台用盒角楔片切座

（一）理念

　　復刻版輔助推台，適當的尺寸與操作重量及滑順度，多式的操作

設定，充裕的樣貌展現，搭上推台盒角楔片切座增加使用的選擇性與安全。

（二）技法

　　輔助推台的前後兩片實木板材依尺寸圖裁切打 R 角，後靠板鎖上鋸片出刀護塊，依尺寸圖鋸切五分厚度夾板爲基座，前後上膠鎖上實木板，需校正鋸路與後靠板是否直角，基座與圓鋸機接觸的底面鎖上兩條木導條，即是安全操作輔具。

　　盒角楔片切座以六分厚度夾板依圖裁切一長一短組合成直角 L 形，短材一長邊需切成 45 度斜邊，再以六分厚度夾板依圖裁切組合成直角 L 形當倚座，以上一起結合，最後使用四分夾板預銑出兩條平行溝槽與倚座鎖上蝶帽螺絲組合成滑動定位板。

（三）形式內容

1. 材質

　　四分、五分與六分厚度夾板，2.5cm 厚實木二片與 4.5cm 鋸片護板，兩條木導條，加上兩組蝶帽螺絲。

2. 操作模式

　　木盒端角鑲入不同色彩的木楔片，增加整體彩度與趣味，盒角楔片讓創作多面向思考，妝點生活色彩。

　　校正圓鋸機鋸片與工作面呈直角，輔助推台的導條置入導槽，將輔具對準溝縫靠緊推台靠板並以夾具鎖定（圖 4-452），設定所需鋸片高度（圖 4-453），鬆開蝶帽螺絲以角尺量測所需距離再鎖緊（圖 4-454），放置木盒靠緊定位板即可進行鋸切（圖 4-455）。擁有木藝基本功與安全操作輔具，使作品提升整體性（圖 4-456）與多重變化（圖 4-457）。

圖 4-452　以夾具鎖定

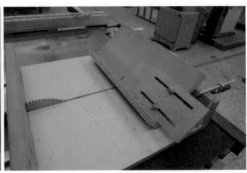

圖 4-453　設定所需鋸片高度

圖 4-454　以角尺量測所需距離

圖 4-455　進行鋸切

圖 4-456　作品提升整體性

圖 4-457　多重變化

3. 適用：圓鋸機

十二、圓鋸靠板輔助切座（圖4-458）＋防回彈羽毛板（圖4-459）

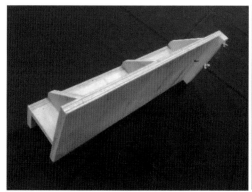 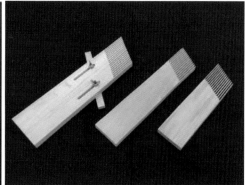

圖 4-458　圓鋸靠板輔助切座　　　　圖 4-459　防回彈羽毛板

（一）理念

　　穩定的圓鋸機靠板之輔助切座可滑動操作以達安全鋸切，並組合防回彈羽毛板共用，預防木工機器操作過程的材料反彈。

（二）技法

　　靠板輔助切座按設計圖尺寸備料裁切，組合成 h 形式，可依各機器導板的寬度調整，上方鎖上二或三片等腰三角形夾板校正直角與增加強度，操作面銑出一條穿透弧線並以蝶帽螺絲鎖上角度定位條板。

　　羽毛板使用中硬度以上的實木材質，依尺寸圖備料並以圓鋸機或線鋸機鋸出各溝槽，亦可以修邊機銑出兩條穿透溝加上一木條，鎖上蝶帽螺絲安裝於圓鋸機使用。

（三）形式內容

1. 材質

　　六分厚度夾板為主材料，加上中硬度以上實木，木導條及四組蝶帽螺絲。

2. 操作模式

操作圓鋸機鋸切板材的回彈事件時有所聞，良好且安全的設定不失爲裁切過程的必備條件，也是傳承的要件。

校正鋸片角度，靠板輔助切座套入靠板，欲裁切的板材置放於工作面，由防回彈羽毛板做角度與微壓鎖定，將有附導條的羽毛板置入導槽，橫移微壓板材並以虎鉗鎖緊（圖 4-460），試拉木料檢查鬆緊度（圖 4-461），再調高鋸片至所需高度（圖 4-462），最後使用手握助推板進行安全操作（圖 4-463），從過程中（圖 4-464）直至安全結束（圖 4-465）。

圖 4-460　以虎鉗鎖緊

圖 4-461　試拉木料檢查鬆緊度

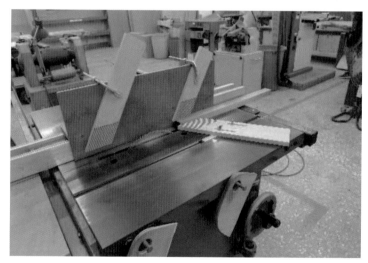

圖 4-462　調高鋸片至所需高度

圖 4-463　手握助推板進行安全操作

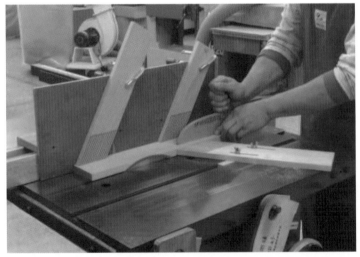

圖 4-464　過程中

圖 4-465 安全結束

3. 適用：圓鋸機

十三、圓鋸靠板輔助切座（圖4-466）＋切榫扣具（圖4-467）

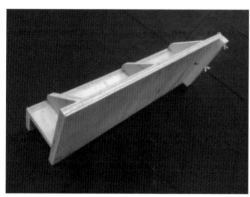 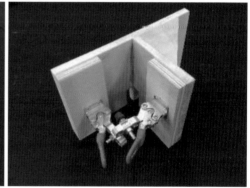

圖 4-466 圓鋸靠板輔助切座　　　　圖 4-467 切榫扣具

（一）理念

　　穩定的圓鋸靠板輔助切座可滑動操作以達安全鋸切，結合切榫扣具增加立切榫頭的穩定、安全及準確性，更適合量切使用。

（二）技法

靠板輔助切座按設計圖的尺寸備料裁切，組合成 h 形式，可依各機器導板的寬度調整，上方鎖上二或三片等腰三角形夾板校正直角與增加強度，操作面銑出一條穿透弧線並以蝶帽螺絲鎖上角度定位條板。

切榫扣具使用六分厚度木心板為主要基材，按尺寸圖裁切並組合成 T 形，再以等腰三角形做直角結構，於直角 L 形處各鎖上一組安全扣具。

（三）形式內容

1. 材質

六分厚度木心板與夾板為主材料，加上實木導條與安全扣具及蝶帽螺絲各二組。

2. 操作模式

靠板輔助切座提升鋸切的穩定性，結合切榫扣具讓方形榫頭由機器製作，完美了鋸切平整度，單元榫卯應用，讓結構簡單化、品質高度化。

校正鋸片角度，靠板輔助切座套入靠板，切榫扣具與輔助切座以夾具鎖定並量測距離（圖 4-468）與調整鋸片高度再鎖緊，打開扣具置入角材後扣緊進行鋸切（圖 4-469），第二邊依前序操作（圖 4-470），寬料相同（圖 4-471），後視固定樣貌如圖 4-472。

圖 4-468　量測距離

圖 4-469　扣緊進行鋸切

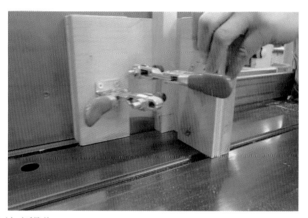

圖 4-470　依前序操作

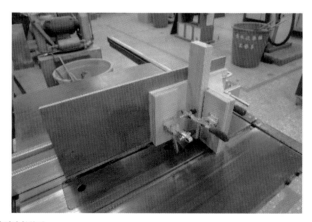

圖 4-471　寬料相同

圖 4-472　後視固定樣貌

3. 適用：圓鋸機

十四、圓鋸靠板防回彈羽毛座（圖4-473）＋防回彈羽毛板（圖 4-474）

圖 4-473　圓鋸靠板防回彈羽毛座

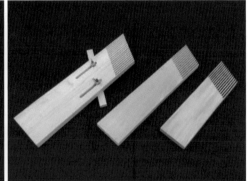

圖 4-474　防回彈羽毛板

（一）理念

　　使用圓鋸機靠板套裝防回彈羽毛座，垂直快速且精準定位，與防回彈羽毛板水平組成二維空間，預防木工機器操作過程的材料反彈，增進安全。

（二）技法

　　靠板防回彈羽毛座由四分與六分厚度夾板裁切，尺寸依圖面再加固定一片居中的立板並銑出二溝槽，此基座的內徑寬度因廠牌不同可以微調整尺寸。使用中硬度以上的實木材質依尺寸圖備料，並以圓鋸機或線鋸機鋸出各溝槽，再以修邊機銑出兩條穿透溝，安裝於輔具基座立板上並鎖上蝶帽螺絲。

　　羽毛板使用中硬度以上的實木材質，依尺寸圖備料並以圓鋸機或線鋸機鋸出各溝槽，亦可以修邊機銑出兩條穿透溝加上一木條，鎖上蝶帽螺絲安裝於圓鋸機使用。

（三）形式內容

1. 材質

四分與六分厚度夾板，中硬度以上實木，木導條及四組蝶帽螺絲。

2. 操作模式

改良圓鋸靠板輔助切座讓設定更便利，與防回彈羽毛板相輔相成，更相得益彰。

將防回彈羽毛座套入圓鋸機導板座，欲裁切的板材置放於工作面，調整垂直羽毛板的角度並微壓鎖緊蝶帽螺絲，附導條的羽毛板置入導槽，橫移微壓板材並以虎鉗鎖緊導條（圖4-475），以特寫圖對照（圖4-476），試拉木料檢查鬆緊度，無誤後即可使用板形助推板進行安全鋸切，由推進中（圖4-477）、進行中（圖4-478）、鋸切過半（圖4-479），至完美結束（圖4-480）。

圖 4-475 以虎鉗鎖緊導條

圖 4-476 特寫對照

圖 4-477　推進中

圖 4-478　進行中

圖 4-479　鋸切過半

圖 4-480　完美結束

3.適用：圓鋸機

第五章

結論

　　有些人遇見美食就會睜大眼睛且食指大動，而自認天生是木工人的筆者，小時候每次看見好的木製品，不管物件大小，都會用心欣賞或以手觸摸感受木材溫潤的質感，甚至會想了解到底是怎麼做出來的。直到自我摸索與求學就職並學習創作，過程中一路走來，看過、聽過很多關於木工的大小傷害故事，多年來起心動念地想著應該如何改善及降低操作危險的發生並貢獻一己之力。教學上常常需要臨時設定一些必要的安全操作措施，當下念頭為不如著實地具體化，今日總算有成果展現。筆者學習與摸索木藝技能到創作創新，寄望透過本研究與輔具設計與應用方式，無藏私地推廣至學術領域與相關產業，從個體到全面提升木藝操作安全。

第一節
研究價值與貢獻
—

　　木材從毛料經過設計製作到完成，有複雜的工序、很多手工具及機器的操作，從備料開始到表面塗裝結束也是驚豔的過程，不能有閃失。因此從自身操作機器的過程找出有需求的部分而設計新的安全輔具，參考目前業界所使用的情形而加入人因操作習慣予以優化，從現物中找出可修正的問題點，最後定為：創新、復刻、再生，三面向的輔具，另加上可相互組合的套裝式輔具。

　　木工的加工機器非常多元，以往各傷害中有人為、物件、機器、場地等因素造成，所以就常使用的歸類設計出圓鋸機二十四件、修邊機十三件（一件與圓鋸機互用）、鑽床六件、圓盤砂磨機四件（一件與震盪砂帶機互用）、帶鋸機四件、角鑿機三件（兩件與鑽床互用）、手壓鉋機三件、手提電鑽四件（一件與鑽床互用）、木工車床二件、手提線鋸機二件（一件與修邊機互用）、震盪砂帶機一件、其他類四件（一件

與鑽床互用）等共計六十二件，以上新創、曾用與現用的樣式，以及形式與材質轉換的各輔具有如一次總整理，可嘉惠木友們，期望降低、降低再降低傷害。除產出靜態輔具操作解說外，更拍攝動態操作影片記錄使用過程，輔助圖文敘述，而創新輔具中有十三件已提出專利申請，其中四組五件已通過經濟部智慧財產局新型專利申請，另外八件待通過。

木工發展的歷史久遠，從手工具到機器再到數位生產，在工安事件頻繁發生後已被重視，從如何降低傷害發生的課程教學到公部門辦理的職場工安衛生講座，都是由觀念教育出發，而本設計研究的安全輔具著重在機器原有功能的改善，賦予擴充操作的安全。以往木友們使用輔具的意願不高，本研究宗旨是讓喜歡木藝創作的同好多多參考、多多使用、多多推廣，更帶入課程讓初學者提早建立安全操作觀念。學習木工不難，只要掌握創意的設計感、工序的流暢度、輔具使用的安全、機器精準的設定……再養成預知危險的習慣，與建立危險隨時存在的防備觀念。

從學術領域教學研究層面，學生學習初期如同一張白紙，由基礎安全觀念建立、實務實習技能操作安全步驟，一步一腳印地從訓練個人基本功到團隊合作。透過本研究的安全輔具圖文彙整成工具書與動態影片的操作解說，進而利用傳播媒體的線上推廣，達到點、線、面教學的務實扎根。

從產業生產生態探討價值，前述中提到創新輔具中有四組五件已通過經濟部智慧財產局新型專利申請，目的是透過專利通過以落實產業界的關注，期望產業端多多開發符合通用性與適用性的安全標準輔具，由上而下讓相關人員專注提升安全與產品品質。

第二節
檢討與建議及展望
一

　　自然界中的木材是人類日常生活中最密切接觸的材料，談紋理、顏色、觸感、氣味……各有特色。無論是木藝設計師、工藝師或以木材來製作產品的匠師，多多少少都會使用到木工加工機器，當中必有不少感人及感傷的故事。筆者從教學中體認到安全輔具的重要性，因此啓發研究設計動機，期間曾面臨的問題如下。

一、多元機器

　　木工所使用技法有鋸切、刨削、孔鑿、車製、研磨、鑽孔……從手工技術轉換到機器加工，機器的操作過程中需理性專注，一板一眼，每一動作的開始到結束都不能隨興，不然可能會有意想不到的危險發生。而各機器擔負的操作動作不同，以及製造商設計理念的區別，形式更多元，加上各國使用習慣的差異，本研究僅以筆者常使用的機器來設計研究安全輔具，未來若需套用到不同規格的機器需做細節修改，方能符合通用性設計，才能大量推廣讓喜歡製作木製品的人使用，降低傷害的可能。

二、材質運用

　　輔具、治具或夾具都是歸類協助製造產品的用具，所使用的材料需耐高溫、耐磨擦、耐酸鹼、具彈性、高強度、不易變形……在木工工具市場上有多種樣式的由廠商開發之金屬、塑膠、木材類輔具產品。本研究主張採用純木材類製作，因這是學習木工技能或製作木製品的人較易得的材料，又具備製作能力，且木材有容易加工、高耐久性、膨脹係數小、耐化學性、不具導電性、抗彎抗剪力強、溼漲乾縮等特性，不需以

模具生產。建議使用變形率低的夾板或木心板再輔以相關五金構件（例如：螺絲與扣具）製作，不建議使用金屬、塑膠的原因是可能會損傷或沾黏刀具，造成危險。

三、解決改善

遇到問題就提出解決方式或許是亡羊補牢的做法，但因為預先設定的問題總是不足，只好見招拆招。筆者因在職場上、在教職上所見到、聽到因操作木工機器受傷時的不忍感，起心動念做了這研究，希望操作習慣能改變，有輔具就用，沒有的話就重新設計製作，不要貪一時方便或以為不會有危險，而造成終生遺憾。一直認為，辦法是想出來的，有安全操作的輔具，木藝創作之旅會比較寬廣。

四、延續創新

每位木友都有自身的專項，所需的輔具各不同，筆者以創新、復刻、再生等三面向產出六十二件，仍總認為還有很大的成長的空間。透過本研究做出一份安全輔具總整理，木友們若有意願可以一起共襄盛舉，產出更合適且具創新的輔具加以推廣嘉惠木藝界。

本安全輔具設計研究是以筆者常使用的機器為設定，針對機器的熟悉度來發展比較能駕輕就熟，往後若同好有此意願，建議先有電腦繪圖基礎可掌握尺寸的精準、以創新的設計能力使輔具造形化、具備熟練的木工機器操作程度、對製作的材質特性認知高、有人因操作習慣的應用、具備預知危險的能力……所設計的輔具便能擁有理性的安全操作特性，還有感性造形美。

本研究最後合計產出六十二件可附加於機器安全操作的輔具，並於 2020 年年底展出推廣（參見附錄），除依各機器的輔具由多到少之數量排序，更剪接操作影片加值展出效果，讓觀者看後增加記憶（技

藝）之外，能預知輔具使用過程與重要性。展覽目的預期達到拋磚引玉成效，期望未來有更多的創新安全輔具產出，好物共享，並期望教學相長，誘發輔具設計再精進。

最後筆者再以

《論語‧衛靈公》的工欲善其事‧必先利其器為起始，

用木創育安全‧輔具不可棄為木藝操作安全作註解。

工欲善其事・必先利其器

木創育安全・輔具不可棄

參考文獻

一、中文書籍

王登傳、劉臻文，《幾何學的基本概念與技巧》第二冊，高雄市：前程出版社，1998年。

田自秉、楊伯達，《中國工藝美術史》，臺北市：文津出版社，1993年。

田自秉，《中國工藝美術史》，（台一版），臺北市：丹青圖書有限公司，1986年。

布羅諾斯基著，漢寶德（譯），《文明的躍昇》，臺北市：景象出版社，1978年。

呂清夫，《造形原理》，臺北市：雄獅圖書股份有限公司，1986年。

林東陽，《圖解家具結構原理》，臺北市：六合出版社，1991年。

林伯賢，《工藝結構學》，臺北市：茂榮圖書有限公司，1994年。

胡家琛（譯），《木材車製》，新北市：財團法人徐氏文教基金會，1978年。

凌嵩郎，《藝術概論》，臺北市：全冠彩色印刷有限公司，1996年。

陳陵援（譯），《木材的乾燥》，新北市：財團法人徐氏文教基金會，1984年。

曾協泰，《家具製作大全》，臺北市：南天書局有限公司，1988年。

黃彥三，《家具設計》，臺北市：臺灣區家具工業同業公會，1988年。

楊明津、林東陽，《家具結構模型之設計與製作》，臺北市：六合出版社，1998年。

楊清田，《造形設計與積量錯視的關係調查研究》，臺北市：藝風堂出版社，1998年。

蔡如藩，《木材力學性質》，新北市：財團法人徐氏文教基金會，1985年。

漢寶德，《美感與境界：漢寶德再談藝術》，臺北市：典藏藝術家庭股份有限公司，2011年。

羅夢彬（譯），《木工與家具製造》上冊，新北市：財團法人徐氏文教基金會，1986年。

羅夢彬（譯），《木工與家具製造》下冊，新北市：財團法人徐氏文教基金會，1984年。

羅夢彬（譯），《木材接合法》，新北市：財團法人徐氏文教基金會，2000年。

Donold A. Norman 著，翁鵲嵐、鄭玉屏、張志傑（譯），《情感設計》，臺北市：田園城市文化事業有限公司，2005年。

二、外文書籍

十時啓悅、田代眞、北川八十治、大串哲郎，《木工 - 樹をデザインする》，東京都：株式會社武藏野美術大學出版局，2009年。

木內武男，《木工の鑑賞基本知識》，東京都：至文堂，1996 年。

三、網路資源

行政院主計總處職業標準分類，〈https://mobile.stat.gov.tw/StandardOccupationalClassificationContent.aspx?RID=6 &PID=NzkyMw==&Level=4〉。

文化部國家文化資料庫，〈http://nrch.culture.tw/twpedia.aspx?id=4811〉。

臺大實驗林研究報告 Jour. Exp. For. Nat. Taiwan Univ. 23(2): 125-132 (2009) 研究論文，〈http://www.exfo.ntu.edu.tw/factory/WUFPublication/p02.pdf〉。

新式樣智慧園區木工家具大規模生產下鋸斷類加工機具安全性設計之研究（上），〈http://blog.ndsc.tw/?p=1193〉。

新式樣智慧園區木工家具大規模生產下鋸斷類加工機具安全性設計之研究（下），〈http://blog.ndsc.tw/?p=1192〉。

營造業木工作業安全指引研究，〈https://labor-elearning.mol.gov.tw/base/10001/door/%E5%A0%B1%E5%91%8A %E5%8D%80/832_ILOSH103-S306%E7%87%9F%E9%80%A0%E6%A5%AD%E 6%9C%A8%E5%B7%A5%E4%BD%9C%E6%A5%AD%E5%AE%89%E5%85%A 8%E6%8C%87%E5%BC%95%E7%A0%94%E7%A9%B6.pdf〉。

維基百科，〈https://zh.wikipedia.org/zh-hant/ 治具〉。

維基百科，〈https://zh.wikipedia.org/zh-tw/ 創新〉。

維基百科，〈https://zh.wikipedia.org/zh-tw/ 復刻〉。

維基百科，〈https://zh.wikipedia.org/zh-hk/ 三百六十行〉。

維基百科，〈https://zh.wikipedia.org/wiki/ 膠合板〉。

維基百科，〈https://zh.wikipedia.org/zh-tw/ 冶金學〉。

維基百科，〈https://gan.wikipedia.org/wiki/ 工業革命〉。

維基百科，〈https://zh.wikipedia.org/zh-tw/ 木工〉。

維基百科，〈https://zh.wikipedia.org/wiki/ 木匠〉。

教育百科，〈http://pedia.cloud.edu.tw/Entry/Detail/?title= 輔〉。

MBA 智庫百科，〈https://wiki.mbalib.com/zh-tw/ 冶金〉。

《國語大辭典》，〈https://dacidian.18dao.net/zici/ 夾具〉。

《國語辭典》，〈https://www.3du.tw/dict/ 夾具〉。

《國語辭典》，〈https://cidian.18dao.net/zici/ 創新〉。

《國語辭典》，〈https://cidian.18dao.net/zici/ 復〉。

《國語辭典》，〈https://cidian.18dao.net/zici/ 刻〉。

《國語辭典》，〈https://cidian.18dao.net/zici/ 再生〉。

《國語辭典》，〈https://cidian.18dao.net/zici/ 附加〉。

《國語辭典》，〈https://cidian.18dao.net/zici/%E6%93%B4%E5%85%85〉。

《國語辭典》，〈https://cidian.18dao.net/zici/ 套裝〉。

學校工作場所職災案例─總務處業務，〈https://general.ntue.edu.tw/upload/environment/ files/53 平刨機未斷電進行木屑清除而導致手指遭刨碎 .pdf〉。

學校工作場所職災案例─總務處業務，〈https://general.ntue.edu.tw/upload/environment/ files/046 手指被手壓鉋木機切斷事件 .pdf〉。

學校工作場所職災案例─總務處業務，〈https://general.ntue.edu.tw/upload/environment/ files/52 鉋木機未斷電即進行故障排除而導致姆指遭壓碎裂事件 .pdf〉。

學校工作場所職災案例─總務處業務，〈https://general.ntue.edu.tw/upload/environment/ files/45 圓盤鋸鋸齒捲入木料飛出傷人事件 .pdf〉。

學校工作場所職災案例─總務處業務，〈手與圓盤鋸之鋸齒接觸導致切割傷害事件 .pdf〉。

學校工作場所職災案例─總務處業務，〈https://general.ntue.edu.tw/upload/environment/ files/19 學校從事木工創作作業因使用傾心圓盤鋸發生截肢、斷裂災害 .pdf〉。

校園職業災害案例，〈https://www.klgsh.kl.edu.tw/wp-content/uploads/doc/klgsh513/ 校園職災案例彙編 .pdf〉。

校園職業災害案例，〈https://drive.google.com/file/d/19e7vBThYmvDxbH2tg3CzAm-Ig4BcTd1l/view〉。

校園職業災害案例 100-105 年校園實驗室重大事故災害分析，〈https://general.ntue.edu. tw/upload/environment/files/53 實驗 (習) 場所發生被切、割、擦傷意外災害 .pdf〉。

勞動部勞動及職業安全衛生研究所，〈https://www.safelab.edu.tw/FileStorage/ files/100-105 年校園實驗室重大事故災害分析 .pdf〉。

勞動部職業安全衛生署─機械設備器具安全資訊網，《機械設備器具安全標準》， 〈https://tsmark.osha.gov.tw/sha/public/listFileDownload.action?codeVerify=9598〉。

YouTube，〈https://tw.video.search.yahoo.com/search/video;_ylt=AwrtSXXGjclg FyIAIUJr1gt.;_ylu=Y29sbwN0dzEEcG9zAzEEdnRpZAMEc2VjA3BpdnM-?p= 木工危險操作影片 &fr2=piv-web&fr=yfp-search-sb#id=2&vid=99e9023de7f72aac04b840ca8 630bee5&action=view〉。

四、圖片來源

〈https://www.youtube.com/watch?v=PzsUBHU-WOM〉

〈https://img.shoplineapp.com/media/image_clips/5e21092321e71100162073c9/large.jpg?1579223330〉

〈https://i.ytimg.com/vi/ruCX9HcNHsg/maxresdefault.jpg〉

〈https://s.yimg.com/ob/image/cf07e372-876b-4441-a14b-3c80f9dbd6ee.jpg〉

〈https://attach.mobile01.com/attach/201211/mobile01-4e6dc218f9e90d822a06defec6a0b165.jpg〉

〈https://9.share.photo.xuite.net/grandmini/198078b/8103523/319815976_m.jpg〉

〈https://ct.yimg.com/xd/api/res/1.2/gLsRgu7SqlH5mtvJk.VzSg--/YXBwaWQ9eXR3YXVjdGlvbNlcnZpY2U7aD00MzE7cT04NTtyb3RhdGU9YXV0bzt3PTYwMD twPW9wZW5jb3BlbnNlcnZpY2U7d2lkdGg9MzE7cT04NTtyb3RhdGU9YXV0bzt3PTYwMD twPW9wZW5jb3BlbnNlcnZpY2U7d2lkdGg9MzE7cT04NTtyb3RhdGU9YXV0bzt3PTYwMD twPW9wZW5jb3BlbnNlcnZpY2U7d2lkdGg9MzE7cT04NTtyb3RhdGU9YXV0bzt3PTYwMD twPW9wZW5jb3BlbnNlcnZpY2U7d2lkdGg9MzE7cT04NTtyb3RhdGU9YXV0bzt3PTYwMD twPW9wZW5jb3BlbnNlcnZpY2U7d2lkdGg9MzE7cT04NTtyb3RhdGU9YXV0bzt3PTYwMD twPW9wZW5jb3BlbnNlcnZpY2U7d2lkdGg9MzE7cT04NTtyb3RhdGU9YXV0bzt3PTYwMD twPW9wZW5jb3BlbnNlcnZpY2U7d2lkdGg9MzE7cT04NTtyb3RhdGU9YXV0bzt3PTYwMD MD twPW9wZW5jb3BlbnNlcnZpY2U7d2lkdGg9MzE7cT04NTtyb3RhdGU9YXV0bzt3PTYwMD twPW9wZW5jb3BlbnNlcnZpY2U7d2lkdGg9MzE7cT04NTtyb3RhdGU9YXV0bzt3PTYwMD MD twPW9wZW5jb3BlbnNlcnZpY2U7d2lkdGg9MzE7cT04NTtyb3RhdGU9YXV0bzt3PTYwMD MD twPW9wZW5jb3BlbnNlcnZpY2U7d2lkdGg9MzE7cT04NTtyb3RhdGU9YXV0bzt3PTYwMD MD twPW9wZW5jb3BlbnNlcnZpY2U7d2lkdGg9MzE7cT04NTtyb3RhdGU9YXV0bzt3PTYwMD MD twPW9wZW5jb3BlbnNlcnZpY2U7aD00NTtyb3RhdGU9YXV0bzt3PTYwMD MD twPW9wZW5jb3BlbnNlcnZpY2U7aD00NTtyb3RhdGU9YXV0bzt3PTYwMD MD twPW9wZW5jb3BlbnNlcnZpY2U7aD00NTtyb3RhdGU9YXV0bzt3PTYwMD MD twPW9wZW5jb3BlbnNlcnZpY2U7aD00NTtyb3RhdGU9YXV0bzt3PTYwMD MD twPW9wZW5jb3BlbnNlcnZpY2U7aD00NTtyb3RhdGU9YXV0bzt3PTYwMD MD twPW9wZW5jb3BlbnNlcnZpY2U7aD00NTtyb3RhdGU9YXV0bzt3PTYwMD MD twPW9wZW5jb3BlbnNlcnZpY2U7aD00NTtyb3RhdGU9YXV0bzt3PTYwMD MD twPW9wZW5jb3BlbnNlcnZpY2U7aD00NTtyb3RhdGU9YXV0bzt3PTYwMD MD twPW9wZW5jb3BlbnNlcnZpY2U7aD00NTtyb3RhdGU9YXV0bzt3PTYwMD MD twPW9wZW5jb3BlbnNlcnZpY2U7aD00NTtyb3RhdGU9YXV0bzt3PTYwMD MD twPW9wZW5jb3BlbnNlcnZpY2U7aD00NTtyb3RhdGU9YXV0bzt3PTYwMD MD twPW9wZW5jb3BlbnNlcnZpY2U7aD00NTtyb3RhdGU9YXV0bzt3PTYwMD MD twPW9wZW5jb3BlbnNlcnZpY2U7aD00NTtyb3RhdGU9YXV0bzt3PTYwMD MD twPW9wZW5jb3BlbnNlcnZpY2U7aD00NTtyb3RhdGU9YXV0bzt3PTYwMD29432d360e6b.jpg〉

〈https://i.ytimg.com/vi/XQxDA6eLw2k/maxresdefault.jpg〉

〈http://2.bp.blogspot.com/-vw9EDfHkO50/UlNdr9RCJHI/AAAAAAAHiQ/klGn40YnFb0/w1200-h630-p-nu/ 細板鋸法 - 全 .jpg〉

〈http://www.woodninja.idv.tw/blog/wp-content/uploads/2013/05/IMG_2858.jpg〉

〈https://9.share.photo.xuite.net/wang26367081/19c55ac/11700696/553330132_m.jpg〉

〈https://pic.pimg.tw/cckcgf01/1383804432-154265379.jpg?v=1383804433〉

〈https://attach.mobile01.com/attach/202011/mobile01-0e039d4d69a33eda28f8e63dca597be8.jpg〉

〈https://vmaker.tw/wp-content/uploads/2020/10/5-100-1.jpg〉

〈http://www.shanyuchen.com/wp-content/uploads/2016/03/ 榫頭 - 裁切方式 - 圓鋸機 -2-1-800x599.jpg〉

〈http://pic.2home.com.tw/2home/images/1306/5f89deeca13d2c423a9cc13655147eef.jpg〉

〈http://4.bp.blogspot.com/-_Ctc-PShh18/UlagcDlrAHI/AAAAAAAABFs/YvEHDGB45XM/s1600/PIC000100.jpg〉

〈https://i.imgur.com/ffxWwJY.png〉

〈https://i.ytimg.com/vi/7ahBghW4k_Y/hqdefault.jpg〉

〈http://1.bp.blogspot.com/-hvd8jvfBINY/UlNuAcUtQyI/AAAAAAAHkw/YnR8o0Is7ys/w1200-h630-p-k-no-nu/ 銑削台安全集塵罩 -1.jpg〉

〈http://img-cdn.jg.jugem.jp/281/1929128/20130422_225873.jpg〉

〈https://3c.yipee.cc/wp-content/uploads/2016/10/bae41e8ecad7f8011957419a7db9669c.jpg〉

〈https://4.share.photo.xuite.net/mr.coffee/14ffe96/19011803/1026355131_x.jpg〉

〈https://1.share.photo.xuite.net/dastool.inc/11f8f5e/9635967/422013919_m.jpg〉

〈https://kknews.cc/home/a43x32g.html〉

〈https://www.familyhandyman.com/list/dirt-simple-woodworking-jigs-you-need/〉

〈https://www.familyhandyman.com/list/dirt-simple-woodworking-jigs-you-need/〉

〈https://www.familyhandyman.com/list/dirt-simple-woodworking-jigs-you-need/〉

〈https://www.woodsmith.com/article/ultimate-jointer-push-block/〉

〈https://www.popularwoodworking.com/tools/favorite-jointer-push-block/〉

〈https://www.lumberjocks.com/projects/131505〉

〈https://www.pinterest.com/pin/856317316628917002/〉

〈https://tw.images.search.yahoo.com/search/images;_ylt=AwrtahINS9FgpGEAYn9r1gt.;_ylu=Y29sbwN0dzEEcG9zAzEEdnRpZZAMEc2VjA3BpdnM-?p= 立體角度切割輔助器 &fr2=piv-web&fr=yfp-search-sa#id=4&iurl=https%3A%2F%2Fimg.ruten.com.tw%2Fs1%2F0%2F16%2Fa9%2F21845952771753_337.jpg&action=click〉

〈https://tw.images.search.yahoo.com/search/images;_ylt=AwrtFOUiTNFgNvIAsZVr1gt.;_ylu=Y29sbwN0dzEEcG9zAzEEdnRpZZAMEc2VjA3BpdnM-?p= 推料桿角度切割 &fr2=piv-web&fr=yfp-search-sb#id=0&iurl=https%3A%2F%2Fimg.ruten.com.tw%2Fs2%2Fa%2F9a%2Fa8%2F21205103065768_208.jpg&action=click〉

〈https://cbu01.alicdn.com/img/ibank/2019/106/478/11007874601_1653031564.jpg〉

〈https://handymansplace.com/best-small-drill-presses/〉

〈https://img.shoplineapp.com/media/image_clips/5d2be084b6ac08387795d217/large.jpg?1563156611〉

〈https://img.alicdn.com/bao/uploaded/i2/2776963691/O1CN01oxi4s61d8WTMbFX7t_!!2776963691.jpg〉

〈http://img.alicdn.com/img/bao/uploaded/i4/i3/158326121/O1CN01aYd2TI1v5SvfejCxv_!!158326121.jpg〉

〈http://pic.zuojiaju.com/forum/201909/19/100413jwek0h0xkgjitt0i.jpg-264.300〉

〈https://cdn02.pinkoi.com/product/yD7Z4kiW/0/1/800x0.jpg〉

〈https://img.alicdn.com/imgextra/i2/2776963691/O1CN011d8WKmvohtDh958_!!2776963691.png〉

〈https://cf.shopee.tw/file/5aff1c2b7216f768ae47aadd9339e8fe_tn〉

〈http://pic.zuojiaju.com/forum/201211/10/075924wrgfk5ig5grg8wc0.jpg〉

〈http://jibaofiles.s3.amazonaws.com/public/ce9dee8b-e34d-4ba8-9da8-961f0562804b/11dd6784-3ec9-4b47-937a-0551ccb6f639.png〉

〈http://jibaofiles.s3.amazonaws.com/public/ce9dee8b-e34d-4ba8-9da8-961f0562804b/22717c55-8d59-4503-a7fc-13fabeeafdf6.png〉

〈https://www.familyhandyman.com/list/tips-for-ripping-wood/〉

〈https://www.rockler.com/building-shop-made-table-dovetail-sled-jig〉

〈https://www.rockler.com/building-shop-made-table-dovetail-sled-jig〉

〈https://www.interwood.tw/blog/blog-post.php?id=300&ln=twzh〉

〈https://www.rockler.com/tablesaw-crosscut-sled〉

〈https://static.woodmagazine.com/styles/image_embed_3_4_width_large/s3/image/2020/03/31/103362145.jpg〉

〈https://static.woodmagazine.com/styles/landscape_featured_large/s3/image/2020/03/30/103350753_1.jpg?timestamp=1585601372〉

〈https://cdn.shopify.com/s/files/1/2185/5339/products/3_Multi-function-Drill-Punch-Locator-Furniture-Woodworking-Drill-Guide-Drilling-Dowelling-Hole-Saw-Adjustable_2000x.jpg?v=1571348214〉

〈https://s.yimg.com/xd/api/res/1.2/oBc9JOQVOj7M4W1Y43zKSA--/YXBwaWQ9eXR3YXVjdGlvbNlcnZpY2U7aD01MTM7cT04NTtyb3RhdGU9YXV0bzt3PTcwMDtwPW9wZW5jdg--/https://s.yimg.com/ob/image/b1d33bf5-4884-4e98-a8c3-fdf962858315.jpg〉

〈https://ae01.alicdn.com/kf/HTB1ZVozXIfrK1Rjy1Xdq6yemFXa0/3-in-1-Woodworking-Hole-Drill-Punch-Positioner-Guide-Locator-Jig-Joinery-System-Kit-Aluminium-Alloy.jpg〉

〈https://www.rockler.com/cove-cutting-table-saw-jig〉

〈https://www.rockler.com/router-table-box-joint-jig〉

〈https://www.rockler.com/rockler-rail-coping-sled〉

〈https://www.rockler.com/rockler-table-saw-small-parts-sled〉

〈https://www.woodmagazine.com/woodworking-plans/jigs/super-simple-tapering-jig〉

〈https://www.rockler.com/woodworkers-journal-25-jigs-and-fixtures-cd〉

〈https://www.woodmagazine.com/project-plans/workshop-jig/jigs-fixtures/miter-sanding-jig-downloadable-plan〉

〈https://www.eagleamerica.com/product/p19-6002/router-bit-sets〉

〈https://www.dannyrojasmakes.com/projects/2018/10/22/wood-lathe-steady-rest〉

〈https://www.lumberjocks.com/projects/185442〉

〈https://www.pinterest.com/pin/558939003732258360/?form=MY01SV&OCID=MY01SV〉

〈https://www.912688.com/info/18909.html〉

〈https://kknews.cc/home/jvlp6ay.html〉

〈https://kknews.cc/news/5e9rg2.html〉

附錄

2019年，傳承 —— 李英嘉木藝創作展

　　「傳承」是本次創作展的主題，板凳在傳統的婚嫁禮俗中占有一重要地位，也是家的開始，坐具是每日都會接觸且最頻繁的家具，椅腳數量的多寡各有不同形式趣味，椅面的線條與表面處理亦具有各式風味，不同的高度訴說空間的使用品味。透過展覽呈現簡單的榫接結構與各式技法應用，創作出符合舒適坐著的單椅，可以擺在家中擔任「傳承」的重要角色。

　　本次展覽共分類：板凳十件、圓形六件、方形四件、三角形一件、有靠背二件、其他形三件，共計二十六件。作品中多數為教學示範，讓學生學習基本功法，透過簡單木結構運用加上造形線條，創作出符合人因使用的坐具，把木技藝傳出去，讓學習木藝者承下來，達到永續。選擇橫跨時空建築的歷史街區展覽，更具傳承意義。

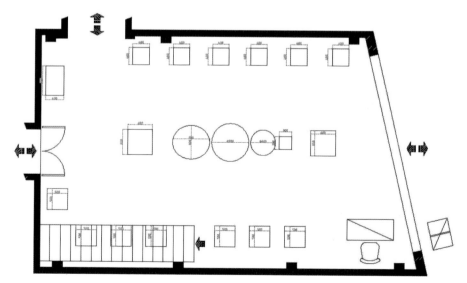

圖1　剝皮寮歷史街區廣州街157展間布展配置圖

19' / 10 / 04 - 19' / 10 / 09

傳承－李英嘉木藝創作展

圖 2　剝皮寮官網海報

圖 3　直式海報

圖 4　酷卡

圖 5　展場入口意象

圖 6　理念掛圖（展場內部）

圖 7　展覽一隅之一

圖 8　展覽一隅之二

圖 9　展覽一隅之三　　　　　　圖 10　展覽一隅之四

圖 11　展場另一入口

2020年，木藝之旅 —— 李英嘉安全輔具設計展

理念

　　早期木藝技術發展所用工具多為手工使用，較無量產規模；經濟提升之後，加上量化的設計思維，改變了加工模式，機器生產技術則增加了產量，而工安的問題也陸續浮現。數位時代來臨讓木工業生產再升級，數位加工設備改善了部分工安發生，但有些手工技能就慢慢不被學習，如何降低工安發生，而讓傳統木藝技能得以延續，是目前一大課題。

動機

　　木藝的學習從需要、想要到製作，初期的小傷難免，從自身體認，到觀察操作機器的員工、裝修場域的木工師傅及學習中的學生們之受傷情形，大概可歸納的因素如下：

一、因興趣而自我學習摸索，但不懂工具使用或機器操作方式。

二、因生活或工作需求進入木工藝相關職場，但雇主沒有安排職前機器操作或人身的工安訓練。

三、因學校的科系或課程安排，學生需上相關木工藝課程，有些人沒上過基礎課程而直接選修進階，迫於學分數所需或屬必修科目，但興趣不高而選木藝課程。

四、木工藝相關的職業匠師有時因太熟悉工具或機器，反倒一時疏忽而受傷。

目的

　　《論語・衛靈公》：「工欲善其事，必先利其器。」本意是要把事做好，工具很重要，須先把工具備好、備齊、備利，方能事半功倍。

但現今加工技能多樣化，從傳統手工→機器加工→數位生產，讓產量倍增，除標準化、規格化之外，更提升了精準細緻度，加深工藝極致性。其中數位生產大大地降低工安危險，而傳統機器加工的危險發生機率依然存在。

本展覽依木工常用機器朝三個面向設計：

創新・復刻・再生

期望提升初學或操作木工加工機器者在生產製作時的安全，此即為主要目的。

創新：展者於木藝創作或教學時為了降低危險而設計的輔具。

復刻：重現使用於木工機器的輔具，加以優化。

再生：現用輔具再改良成更具安全性或便利操作。

工欲善其事・必先利其器
木創育安全・輔具不可棄

共展出木藝創作時所需安全輔具，包含鋸橫、刨削、研磨、車製、鑿方、鑽孔、形銑等運用，計六十一件以上，實物展出輔以大圖輸出掛圖說明，再以操作影片加深觀者印象，提點木藝的安全，達到展出預期性。

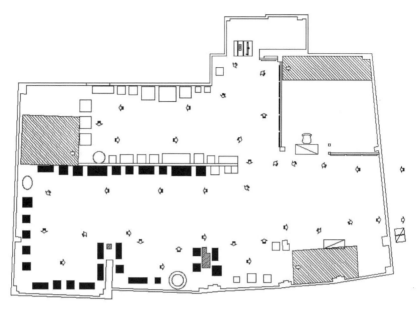

圖 12　剝皮寮歷史街區康定路演藝廳展間布展配置圖

圖 13　剝皮寮官網海報

圖 14　直式海報　　圖 15　酷卡

圖 16　展覽理念　　圖 17　展覽動機

圖 18　展覽目的　　　　圖 19　工作證

圖 20　展場入口意象

圖 21　展覽內部一隅之一

圖 22　展覽內部一隅之二

圖 23　展覽內部一隅之三

圖 24　展覽內部一隅之四

圖 25　展覽內部一隅之五

圖 26　展覽內部一隅之六

圖 27　展覽內部一隅之七　　　　圖 28　展覽內部一隅之八

圖 29　展覽內部一隅之九　　　　圖 30　展覽內部一隅之十

圖 31　參觀人潮之一

圖 32　參觀人潮之二

專利證書

一、中華民國專利證書：新型第 M616819 號

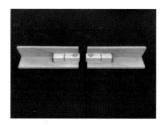

圖 1　推台止木微調具

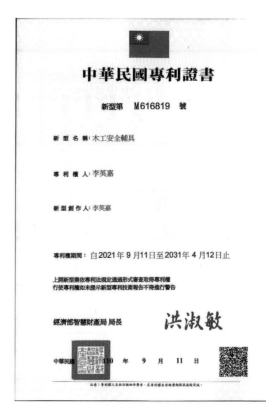

圖 2　推台止木微調具專利證書

二、中華民國專利證書：新型第 M616820 號

圖 3　角鑿任意角鑽座

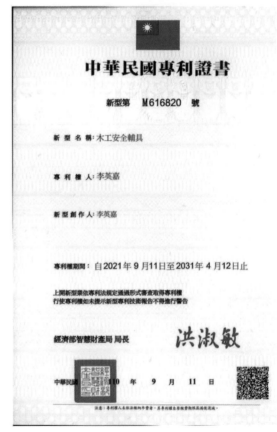

圖 4　角鑿任意角鑽座專利證書

三、中華民國專利證書：新型第 M616821 號

圖 5　磨細長材夾具

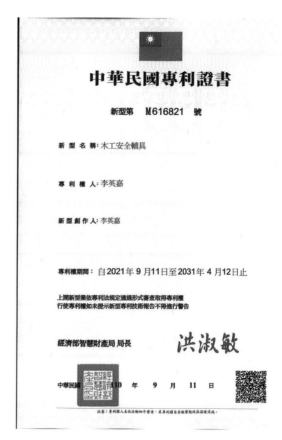

圖 6　磨細長材夾具專利證書

四、中華民國專利證書：新型第 M616822 號

圖 7　圓長料支撐輪架　　圖 8　圓長料支撐輪架

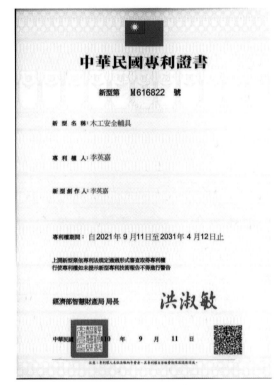

圖 9　圓長料支撐輪架專利證書

國家圖書館出版品預行編目(CIP)資料

木藝安全輔具設計與應用之創新‧復刻‧再生／
李英嘉著.--初版.--新北市：國立臺灣藝術
大學；臺北市：五南圖書出版股份有限公司,
2023.12
面；　公分

ISBN 978-626-7141-58-8（平裝）

1.CST: 木工　2.CST: 機械設備

474.1　　　　　　　　　　112019994

4Y1R

木藝安全輔具設計與應用
之創新‧復刻‧再生

作　　者 ― 李英嘉

發 行 人 ― 鐘世凱

出版單位 ― 國立臺灣藝術大學

地　　址 ― 220新北市板橋區大觀路1段59號

電　　話 ― (02)2272-2181　傳真 (02)8965-9641

總 策 劃 ― 呂允在

主　　編 ― 蔡秉衡

執行編輯 ― 蔡秀琴

共同出版 ― 五南圖書出版股份有限公司

責任編輯 ― 唐　筠

文字校對 ― 許馨尹、黃志誠

封面設計 ― 姚孝慈

總 經 理 ― 楊士清

總 編 輯 ― 楊秀麗

副總編輯 ― 張毓芬

出版經銷 ― 五南圖書出版股份有限公司

地　　址：106台北市大安區和平東路二段339號4樓

電　　話：(02)2705-5066　傳　　真：(02)2706-6100

網　　址：https://www.wunan.com.tw

電子郵件：wunan@wunan.com.tw

劃撥帳號：01068953

戶　　名：五南圖書出版股份有限公司

法律顧問　林勝安律師

出版日期　2023年12月初版一刷

定　　價　新臺幣1500元

GPN：1011201726